まちを読み解く

―景観・歴史・地域づくり―

西村 幸夫　編
野澤　　康

朝倉書店

編　集　者

西村幸夫　　神戸芸術工科大学芸術工学研究機構

野澤康　　工学院大学建築学部まちづくり学科

執　筆　者

西村幸夫　　東京大学大学院工学系研究科都市工学専攻

遠藤新　　工学院大学建築学部まちづくり学科

野原卓　　横浜国立大学大学院都市イノベーション研究院

宮脇勝　　名古屋大学大学院環境学研究科都市環境学専攻 建築学系

桑田仁　　芝浦工業大学建築学部建築学科

窪田亜矢　　東京大学大学院工学系研究科都市工学専攻

前田英寿　　芝浦工業大学建築学部建築学科

中島直人　　東京大学大学院工学系研究科都市工学専攻

中島伸　　東京都市大学都市生活学部

松井大輔　　新潟大学工学部工学科建築学プログラム

野澤康　　工学院大学建築学部まちづくり学科

鈴木伸治　　横浜市立大学国際総合科学部まちづくりコース

岡崎篤行　　新潟大学工学部工学科建築学プログラム

今村洋一　　椙山女学園大学文化情報学部文化情報学科

黒瀬武史　　九州大学大学院人間環境学研究院 都市・建築学部門

永瀬節治　　和歌山大学観光学部

木下光　　関西大学環境都市工学部建築学科

三島伸雄　　佐賀大学大学院工学系研究科都市工学専攻

(執筆順)

はじめに

『まちの見方・調べ方』の姉妹編

　本書は，『まちの見方・調べ方―地域づくりのための調査法入門』（朝倉書店，2010年）と対をなす本である．

　前著は，副題が示すように，「地域づくり」をめざす専門家やまちづくり関係者，地域づくりを学ぼうとする学生諸氏向けにまちの調べ方の方法論を解説したものであった．「調査法入門」とあるが，社会学や地理学，都市計画学など関係諸学の調査法に関しては，それぞれすでに定評ある入門書があるといえる．『まちの見方・調べ方』が先行の各入門書と異なる点は，「地域づくり」を実践するという目標のもとに，現場に成果を戻していくことを念頭に書かれている点であるといえる．つまり，調査の成果は調査者自身のものであると同時に，調査地域に住むひとびとにとっても共有の財産であるべきだという考えから，現場主義の立場で，調査法を解説していくものであった．

　ただし，現場主義とはただちに現場へ急行することが至上の方針であるというわけではない．また，現場の声だけが天の声だというわけでもない．現場主義には，冷静な事実関係の理解とこれまでの経緯の把握が不可欠である．さらに，現象の解釈には科学的な分析手法も有効である．

　『まちの見方・調べ方』では，こうした考えを方法論として紹介するために，「事実を知る」，「現場に立つ・考える」，「現象を解釈する」という3部を立て，それぞれ第Ⅰ部では「歴史を知る」，「地形を知る」，「空間を知る」，「生活を知る」，「計画・事業の履歴を知る」ことを論じ，第Ⅱ部では「現場で『見る』『歩く』」，「現場で『聞く』」，「ワークショップをひらく」，「地域資源・課題の抽出」という作業を順を追って解説し，第Ⅲ部では「統計分析のための手法と道具」，「住環境・景観を分析する」，「地域の価値を分析する」，「GISを用いた分析」をするための手法を語っている．

　前著は望外に好評であったが，方法論を述べるというスタンスが前提としてあったため，具体的なまちの「見方」や「調べ方」を実践に即して紹介することはできないという限界があった．

　そこで，しばらく時間が経過してしまったが，本書では具体的な日本のまちを対象にして，その読解をもとに「地域づくり」を進めるためにどのようなことをおこなうべきなのかがわかるような記述に努めている．具体的には，各地の地域づくりにかかわってそれぞれの地元で活動している若手・中堅の研究者にお願いをして，各自がこれまでかかわってきた調査対象都市について，実践例を紹介してもらった．記述に際しては，前著の考え方に則り，歴史や地形，生活，事業履歴などからそのまちを理解し，さらには現場に立って，調査し，ヒアリングをお

●はじめに

こない，住民の方々との協働作業を実施し，課題を抽出してきたこれまでの蓄積
を，都市ごとに簡潔にまとめて紹介してもらうこととした．さらに，どのような
地図表現を用いればこうした意図を効果的に表現できるのかに関して，具体的な
図面やダイアグラムで例示している．

多様なまちと多様なテーマ

　もちろん，これまでに各人がかかわってきた調査プロジェクトは，個別の調査
目的があらかじめ設定されているので，各都市において実施されてきた作業がど
れも平均して等しいというわけにはいかない．たとえば，問題発見型の調査や課
題解決型の調査，さらには提案に重きを置いた調査などの違いがある．それらの
違いが各章の記述の重点の置き方の違いとなってあらわれているといえる．それ
もひとつの都市調査のありようを示すものとして紹介するに足るものであるとも
いえるだろう．

　本書に紹介した調査対象のまちも，ある意図から選択されたというよりも，各
執筆者とまちとのつきあいのなかで，縁あって調査をおこなうことになったもの
ばかりである．その意味で，本書にあげられたまちは特別なまちであるというわ
けではない．こうした調査はどのまちでも可能であり，むしろそのことが調査そ
のものの普遍的な意味をあらわすことになるともいえる．

　対象としたまちは大都市の一部から小規模な集落まで多様であり，扱う対象も
歴史的な都市や集落から大都市の都心や新しい計画市街地，さらには大規模な工
業地帯まで幅がひろい．

　さらに調査のテーマも，マップづくりや石垣調査といった比較的軽量なものか
ら，産業の動向，都市デザイン，もっとひろく復興計画の構想まで，じつに多彩
である．

　対象がいかに多様であろうとも，また課題がどのようなものであっても，「地
域づくり」において，その地域とそこがもつ課題を正しく把握し，その理解のう
えに「地域づくり」のプランが描かれるという手順は，いずれにおいても多かれ
少なかれ共有されているといえる．

ウォームハートとクールヘッド

　つまり，「地域づくり」には夢や気概も大切ではあるが，それだけではなく，
冷静で正確な地域理解とその先を見通す狂いのない視点が必要である．熱い想い
と正しい地域理解の両方が必要なのである．A.マーシャルが言った「ウォーム
ハートとクールヘッド」の双方を備えもつということは，経済学者のみならず
「地域づくり」関係者にも同様に求められるのである．

　同時に，本書は，調査のための調査，もしくは研究のための調査を繰り返すこ
とを排し，まちが一歩前進することを目指して，そのための現実的な選択の根拠

となる調査を実施するという大義を主張するものである.

　そして，そのためにはまずは地域をよく知るということ，地域を読み解くということが必須の作業であることを訴えている．地域をクールヘッドで読解するのは，ウォームハートで地域の将来を想っているからなのである.

　今回の執筆は，基本的に編者らとかつて活動をともにしたメンバーにお願いした．それは，こうした「地域づくり」のための調査研究という目的とそのために私たちが蓄積してきた地域理解の手法とノウハウを，書物の形で読者の方々と共有することによって，「地域づくり」という明確な目的意識をもった調査のあり方をさらにひろく推進していきたいという想いが編者らにあったからである.
　なお，地域における調査内容が多岐にわたるため，あえて各事例を分類することなく，北から順に並べることとした．本書が地域における調査と地域づくりの実際とを結ぶ手がかりの一端となるとすれば，執筆者一同これに過ぎる喜びはない.

2017年9月

西村幸夫

目　　　次

序章
[西村幸夫] 2

序1　なぜ，まちの読み解きか：調査の出発点　2
序2　まちをどのように読み解くか：調査の方法　2
序3　調査から地域づくりへ　3

第1章 ｜ 岩手県（旧）大野村
地域の構想づくりと実践
[遠藤　新] 4

1.1　各集落の特色を活かすキャンパスビレッジ構想　4
1.2　地域資源を掘り起こし，まちを読み解く　5
1.3　社会実験を通じた地域課題や魅力の掘り起こし　6
1.4　地域資源から構想を考える　9

第2章 ｜ 釜石
復興計画を構想する
[遠藤　新] 10

2.1　復興まちづくり基本計画策定とその後の進展　10
2.2　復興まちづくりのためのワークショップ　10
2.3　災害に強いまちを構想するために，釜石の特徴を読み解く　11
2.4　地域性や居住性と防災性をいかに共存させるか　12
2.5　日常生活の場を再生するためのグランドデザイン　12
2.6　多角的視点からまちを読み解き，復興計画を構想する　13

第3章 ｜ 喜多方
「蔵ずまいのまち」を現代につないでゆくための
都市デザイン
[野原　卓] 14

3.1　多彩な「蔵」の顔とその根源　14
3.2　まちの構造　16
3.3　都市デザインに向けての調査と検討
　　　〜「くらにわ」と「みち」の再生〜　18

第4章 ｜ 板倉町
文化的景観の分布調査
[宮脇　勝] 20

4.1　板倉の文化的景観の背景　20
4.2　文化的景観の調査対象　20
4.3　歴史的地図による土地利用の調査方法　21

4.4 航空写真による緑地と農地の調査方法　　22

4.5 海老瀬地区の特徴　　22

第5章 ｜ 大宮氷川参道
参道樹木調査とその保全活動の実践　　[桑田　仁] 24

5.1 大宮氷川神社と氷川参道　　24

5.2 参道の樹木調査　　24

5.3 樹木調査結果をふまえた並木の保全活動　　27

第6章 ｜ 佐原
まち並み保存と観光が一体となったまちづくり
[窪田亜矢] 28

6.1 都市形成とまち並み　　28

6.2 まちづくりにおける記憶調査の意義　　29

6.3 記憶調査の方法と結果　　30

6.4 調査結果の活用　　33

第7章 ｜ 幕張ベイタウン
都市空間を計画し実現するアーバンデザイン
[前田英寿] 34

7.1 アーバンデザインからまちを読み解く　　34

7.2 脱団地型のマスタープラン　　34

7.3 ガイドラインによるまち並みの作法　　35

7.4 集団的な手続きによるデザインマネジメント　　36

7.5 ベイタウンはモデルになりえるか？　　37

第8章 ｜ 浅草
地域の資源を地域の人たちといっしょに掘り起こす
[中島直人] 38

8.1 浅草地域でのまちづくり支援活動の経緯　　38

8.2 資源を可視化するアイデアカードを出発点としたワークショップ　　40

第9章 ｜ 神楽坂
まち並みに再生される「花街建築」のパーツ
[窪田亜矢・中島　伸・松井大輔] 42

9.1 界隈の成り立ち　　42

9.2 変容する建築要素の把握の意義　　43

9.3 変容する建築要素の調査方法と結果　　44

9.4 調査結果の活用　　47

●目次

第10章 中野区
密集市街地でデザインを考える意義 ［野澤 康］ 48

10.1 密集市街地の特性　48
10.2 調査の進め方　48
10.3 将来像を描きデザインを誘導する　50

第11章 杉並区
「杉並たてもの応援団」による歴史ある建築物の悉皆調査 ［桑田 仁］ 52

11.1 杉並区に残る近代建築　52
11.2 杉並たてもの応援団とは　52
11.3 杉並区内に残る近代建築の調査について　53
11.4 調査結果の分析と活用　55

第12章 京浜臨海部
工業地帯を都市としてとらえなおすための再生研究と提案 ［野原 卓］ 56

12.1 基盤形成にみる工業都市の多層性と多様性　56
12.2 工業地帯にみられる生活とレクリエーション　57
12.3 地域産業資産の発掘　60
12.4 新しい臨海部のあり方提案　60

第13章 横浜都心部
文化芸術創造都市とまちづくり ［鈴木伸治］ 62

13.1 都市デザインから創造都市へ　62
13.2 人に注目したまちづくり　62
13.3 創造界隈　63
13.4 人の集積を可視化する　65

第14章 湊町新潟
まち並み調査を反映させた「まち歩きマップ」の作成 ［岡崎篤行・今村洋一］ 66

14.1 魅力の再発見と情報発信　66
14.2 古町花街における「たてものマップ」の作成　66
14.3 新潟市中心部における「町屋マップ」の作成　68
14.4 新潟市西大畑地区における「洋風建築マップ」の作成　70

第15章 富山県八尾
まちの構造を読み解き，提案する視点とプロセス
[中島直人] 72

15.1 まちの構造を大きくつかみとる　　72
15.2 まちの提案をつくりあげていく過程　　75

第16章 静岡市
街の特性を活かすアーバンデザイン
[遠藤 新] 78

16.1 七間町まちづくりの展開　　78
16.2 まちの空間特性と人の行動特性を調べる　　78
16.3 中間領域を魅力的にする（G1）　　79
16.4 既存のまち並みとの調和（G2）　　80
16.5 歩いて楽しいまち並みを壊さない（G3）　　81
16.6 街区としての魅力向上（G4）　　81
16.7 アーバンデザイン指針へ　　81

第17章 飛騨高山
地域資産と特性を活かした地域マネジメントの実現
[野原 卓] 82

17.1 越中街道町並み保存会の都市デザイン提案　　82
17.2 文化財の総合的把握調査　　84
17.3 地域マネジメント計画　　85

第18章 清水
地名にみる港町のおもしろさ
[黒瀬武史] 88

18.1 港町のおもしろさ　　88
18.2 みなとの変遷とまちの関係　　88
18.3 みなととまちのこれから　　91

第19章 豊田市足助
歴史的環境が切り拓く交流型まちづくりの可能性
[永瀬節治] 92

19.1 足助の地域性と空間構造　　92
19.2 足助の歩みを映し出すまち並み　　94
19.3 まち並みと交流型観光　　95

●目次

第20章 名古屋
旧軍用地の転用にみるまちづくり
[今村洋一] 98

20.1 名古屋の旧軍用地と戦災復興計画　98
20.2 名古屋城址地区の旧軍用地の転用　98
20.3 千種地区の旧軍用地の転用　100
20.4 熱田地区の旧軍用地の転用　100
20.5 猫ヶ洞地区の旧軍用地の転用　101

第21章 淡路島津井
瓦産業の再生とだるま窯の取り組み
[木下　光] 102

21.1 研究テーマとフィールドを発見する　102
21.2 地域と交わる―だるま窯の復元とDG プロジェクト「脩」　102
21.3 産業を調査し，まちを知る―だるま窯の遺構と瓦産業の構造　103
21.4 瓦師と協働する―手づくり瓦の再現および環境工学との共同研究　105

第22章 福山市鞆の浦
『鞆雑誌』 まちに寄り添いながら，
まちを読み続ける
[中島直人] 106

22.1 鞆プロジェクトの始まり　106
22.2 『鞆雑誌2000』にみるまちの読み解き　106
22.3 誰のために読み解くのか　110

第23章 出雲
近代の郷土意識が生んだ空間創出の物語を発掘する
[永瀬節治] 112

23.1 空間体験からの着想　112
23.2 鉄道敷設をめぐる地域開発の文脈　113
23.3 新たな参詣空間を導いた物語　114
23.4 近代の遺産としての参詣空間　116

第24章 西条
西条祭りの運営形態からみるまちづくり
[木下　光] 118

24.1 祭りをもちいて都市を読む　118
24.2 研究の着眼点―だんじりが増え続けた希有な祭り　118
24.3 フィールドサーベイ―祭りが語る「何を変えて，
　　　何を変えなかったか」　119
24.4 アンケート調査の方法論　119
24.5 アンケート調査を図面化・空間化する　120

目次●

第25章 佐賀市
製菓業の変遷とまちづくり　　　　　　　　　　　[三島伸雄]　122

- **25.1** 製菓業からまちを知る　　122
- **25.2** 江戸期の製菓業　　123
- **25.3** 明治期以降の製菓業　　124

第26章 佐賀県鹿島市肥前浜宿
避難経路の住民認識調査　　　　　　　　　　　[三島伸雄]　126

- **26.1** 火災に弱い歴史的まち並み　　126
- **26.2** 住民認識調査の概要　　127
- **26.3** 住民認識調査の結果　　127
- **26.4** 安全確保の今後に向けて　　129

第27章 長崎県島原市鉄砲町
地方の武家地の景観資源・石垣の調査　[三島伸雄]　130

- **27.1** 島原市鉄砲町のまち並み　　130
- **27.2** 石垣の類型と分布　　130
- **27.3** 石垣の復原的考察（鈴木普二男家の場合）　　132
- **27.4** 景観資源としての石垣　　133

第28章 鹿児島市
市街地に積み重なる歴史　　　　　　　　　　[黒瀬武史]　134

- **28.1** 桜島に向かう骨格の形成　　134
- **28.2** 名山堀と公設市場　　135
- **28.3** 歴史の重なりをまちの魅力に　　136

第29章 沖縄北中城村
沖縄北中城村大城地区のまちづくり　　　[木下　光]　138

- **29.1** 重要文化財中村家住宅を中心とする大城地区の空間構造を知る　　138
- **29.2** 大城地区の景観変遷を調べる　　138
- **29.3** 地域の活動を分類する―緑化・清掃活動と手づくりの祭り　　139
- **29.4** 地域と協働する―スージグヮー週末美術館への参加　　140
- **29.5** 交流人口としての大城応援団　　140

おわりに　　　　　　　　　　　　　　　　　　　　　[野澤　康]　142

索　　引　　　　　　　　　　　　　　　　　　　　　　　　145

ix

まちを読み解く
―景観・歴史・地域づくり―

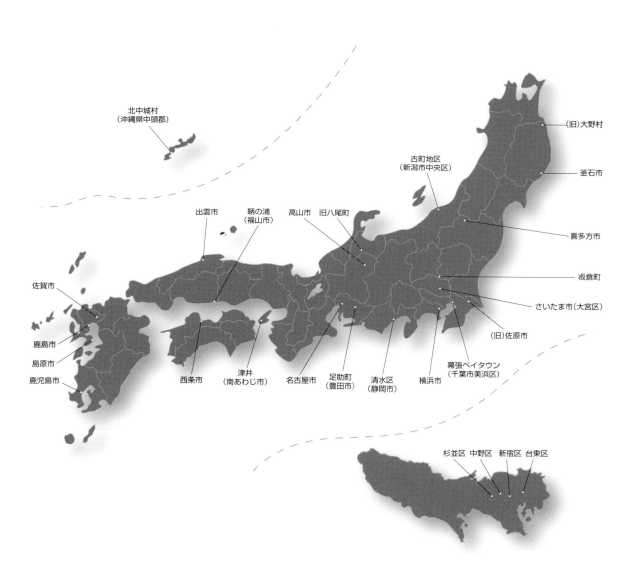

序　章

序-1　なぜ，まちの読み解きか：調査の出発点

　一概に「地域づくりのための調査法」と言っても，具体的な地域づくりのための課題はじつに多様である．したがって，そのための調査も地域づくりの契機や手がかりを生み出すための調査から，地域における具体的な課題解決のための調査までひろがりがある．本書においても，地域資源の掘り起こし（8.浅草）や地域の魅力の再発見（14.新潟），地域環境の保全（22.鞆の浦），まちづくりの支援（15.八尾，19.足助）といった地域づくり初動期の目的から，災害からの復興計画（2.釜石）や跡地利用（16.静岡）避難経路計画（26.肥前浜宿）といった具体的な課題が設定されている場合まで，多様である．

　具体的な課題があらかじめ示されている場合には，それに応じて調査項目もおのずと絞られてくることになるが，地域の課題発見や可能性探求といった漠然としたテーマの場合や，調査者側の独自の関心で地域に入っていく場合は，ややもすると調査のための調査に陥るおそれがないともいえない．現場感覚を保持しつつ，地域の将来のために役立つ調査のあり方を構築する必要がある．

　ただし，どのような契機で地域に近づいていくにしても，対象となる地域を深く理解し，その固有性を活かした提案や計画づくりが求められることには変わりがない．そしてそのためには，対象地域の特質を的確に読み解くことが欠かせない．

　とりわけ地域づくりの早い段階において，地域の個性をより深く理解しておくことは，地域づくりにおける適切なストーリーの構築や的外れでない提案，種々の計画立案の基礎として非常に重要である．

序-2　まちをどのように読み解くか：調査の方法

　具体的なまちの読み解きにあたっては，前著『まちの見方・調べ方』に示したような段階的なアプローチが有効である．すなわち，はじめに各種のデータや二次資料によって地域の多様な事実を知ること（事実を知る），次いで現地に赴き，踏査を実施するのみならず，現地の声をよく聞くこと（現場に立つ・考える），そして最後に，必要であれば，現象分析のための統計や分析のためのツールを用いること（現象を解釈する），である．

　本書においては，とくに「事実を知る」と「現場に立つ・考える」という調査の組み立ての部分を中心に実例を紹介している．

　まずは現地を歩くことが不可欠であるが，詳細なフィールドワークに取りかかる前に必要なデスクワークがある．事実を知ることの具体的な内容は，前著でも示したように，「歴史を知る」，「地形を知る」，「空間を知る」，「生活を知る」，そして「計画・事業の履歴を知る」という作業からなる．

「歴史を知る」ことは，地域の背景を知る意味で基本であることはいうまでもない．そのためには古い絵図（15.八尾，28.鹿児島）や古い地図（4.板倉，14.新潟，18.清水，23.出雲，28.鹿児島など），古い航空写真（4.板倉）などが手がかりとなる．そこから地域の地形などの自然的な要素と，地域の骨格が形成されていく過程などを知ることができる．すなわち「地形を知る」ことと「空間を知る」ことにつながっていくのである．これによって街路の形状（10.中野）や空間の構造（15.八尾，19.足助）などを理解することができる．

並行して，「生活を知る」ための調査がある．たとえば，人物（23.出雲，25.佐賀）や生業（19.足助，25.佐賀）に焦点をあてる調査のほか，祭事や行事（15.八尾，24.西条），生活空間のあり方（19.足助），さらにはひとびとの記憶の調査（6.佐原），古い新聞記事のレビュー（23.出雲）などもありえる．

「計画・事業の履歴を知る」ことは，とくにこれから新たに計画や事業を実施していくことをめざしている場合には欠かせない情報となる．土地利用の転換（20.名古屋）や道路パターンの変化（9.神楽坂）などを明らかにすることによって，地域の骨格がいかに形成されてきたかを総合的に理解することができ，これからの地域づくりの方向感覚が養われることになる．

続いて現場に立つ・考える作業となる．まず，調査目的に合わせた各種の分布調査がある．本書では，地域固有の景観調査（4.板倉）や各種の建築物（9.神楽坂，11.杉並，14.新潟），産業遺構（21.津井），樹木（5.大宮），石垣（27.島原）など，地域の個性に対応して多様である．

また，現代的なアーバンデザインの実際（7.幕張）や調査者の主観による印象的な景観（15.八尾）など，多様な分析調査がありえる．

さらに，地域の生活者から直接ヒアリングをすることやアンケート調査のほか，世代別ワークショップで意見を引き出す工夫（17.高山）なども

状況に応じて必要となる．

序-3 調査から地域づくりへ

まちを読み解く作業に続き，それを地域づくりへつなげていく必要がある．そのためには調査結果を地域へ効果的に伝え，情報を地域と共有していくための工夫がいる．本書ではそのための，主としてアウトプットとしての図面の工夫や仕組みの提案への工夫を取り上げている．

たとえば，地域の個性と課題を照らし出すためにまちかどの形態と分布を示した図（22.鞆の浦）や水路網図（17.高山），建物内部に着目したうちめぐりマップ（19.足助），にぎわいに関する過去の記憶をまとめた聞き書き地図（6.佐原）など，地元にとっても関心が高く，受け入れられやすい表現をもちいることによって地域づくりへの関心を高める工夫もみることができる．

また，調査結果をもとにした地域の構想づくり（1.旧大野村）や市街地のあり方提案（12.京浜臨海部），都市デザインの提案（3.喜多方，16.静岡，17.高山），アートイベントとの協調（13.横浜，29.北中城村），各種ガイドラインづくり（7.幕張，9.神楽坂，15.八尾），地域マネジメントの仕組みづくり（7.幕張），地域の職人との協働（21.津井）などにつながっていく．

いずれにしても，いかに地域と寄り添うか（22.鞆の浦）という調査者の姿勢が常に問われている．「まちを読み解く」とはたんに都市の調査を中立的な立場から実施するということを越えて，いかに対象地域の実態を実感を込めて理解しえるか，ということを意味している．調査は現場に触れる第一歩であり，同時にそれは地域の実情と格闘する実践的な計画行為の第一歩なのである．

[西村幸夫]

第1章 岩手県（旧）大野村 地域の構想づくりと実践

　岩手県（旧）大野村（以下「大野村」，現在は合併して岩手県九戸郡洋野町）は岩手県北の中山間地に位置する人口約6000人の村であった．1980（昭和55）年以降「一人一芸の村」をスローガンに掲げ，大野木工の拠点である「おおのキャンパス」を整備し，農業に次ぐ新たな地場産業振興をはかってきた．2000（平成12）年には「ユーキの里づくり」として新たな農業の基盤づくり，地域の再活性化と生活の場づくりなどを進めてきた．2000年以降，村全体の新しいビジョン「キャンパスビレッジ構想」を掲げ，集落別の「サテライトキャンパス構想」（大野・向田・林郷・帯島・水沢の全5地区9集落）にもとづく新しい拠点整備が進められてきた．

　本章では，キャンパスビレッジ構想以降の中心部（大野地区）における構想づくりやデザインのための調査分析やワークショップの内容を振り返り，まちを読み解く作業としての要点を考察する．

1.1 各集落の特色を活かすキャンパスビレッジ構想

　「おおのキャンパスビレッジ構想」とは，大野村の中央部に位置し年間30万人の観光客が訪れる村の中核的な集客施設「おおのキャンパス」を中心として，円環状に立地する各集落がおのおのに特色をつくり有機的に連携し，地域振興をはかる構想である（図1.1）．それまでの大野キャンパスによる地域振興の延長として，各集落の特色を活かしながら大野村全体の振興をはかることが目標である．

　各集落の個性を発見し，それを活かした地域づくりを実践するためにサテライトキャンパス構想を各集落地区で策定している．大野村の地域づくりを地域住民・行政・大学の協働で推進するため，庁内には事務局として「大野村地域づくり推進庁内プロジェクトチーム」が設置され，住民の集う全体会議として「おおの・むらづくり21推進会議」と，その下部組織として「各地域づくり推進部会」が各地域に設置されている．この推進

■図1.1　おおのキャンパスビレッジ構想

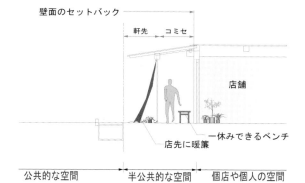

■図1.2　コミセ空間，歩行者空間を演出する

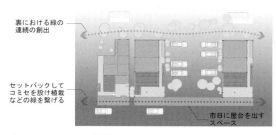

■図1.3　コミセの整備

部会がキャンパスビレッジ構想を作成し，推進する役割を担う．

大野地区の場合には「もとむら再生計画」と称するサテライトキャンパス構想が策定された．にぎわいの場として大野地区を再活性化するために，

(1) おおのミュージアムをつくる
(2) 美しい風景をつくる
(3) 自然を活かした居住環境をつくる
(4) 歴史的資産を活用する
(5) 魅力ある商店街をつくる
(6) 一人一芸の「場」をつくる
(7) もとむらの魅力・情報を発信する

という七つの戦略を掲げ，歴史資源や当地区らしい場所を活かした「もてなし」のまちづくりを推進していくことが示されている．

1.2 地域資源を掘り起こし，まちを読み解く

大野地区の七つの戦略は，地域資源を掘り起こし，まちを読み解く作業から生まれた．読み解き作業にさいして，蔵・町家などの建物およびまち並み調査，集落全体の風景調査，市日の調査などがおこなわれた．

大野地区における建物，まち並みの特徴として発見できた一つが，土間・コミセ空間である（図1.2，1.3）．かつては店舗でにぎわっていた大野地区には，土間・コミセが表通り沿いの建物に多く残されている．コミセは雪国にたびたびみられる軒先空間であり，それが連続することで冬でも歩きやすい空間を確保するものである．大野地区では，現在は市日の露天商による利用以外には積極的な利用がみられず，コミセが開放されていなかったり，近代的な建て替えによってコミセの連続が失われている．コミセから建物内につづく土間空間が物置に利用されるケースも多くみられる．コミセの発見により，戦略（5）「魅力ある商店街をつくる」のなかで，店先・軒先空間に着目した演出，開放的な空間づくりや活用が計画に位置づけられた．

大野地区のもう一つの特徴として，古い町家には看板建築が多く含まれていることも発見されている．それをふまえて，戦略（4）「歴史的資産を活用する」では，建物調査から伝統的な町家建築だけでなく，看板建築も当該地区のまち並みを形成する資源として抽出され，伝統的町家と看板建築が混在しつつも小単位でまとまりをつくる「こまちなみ」の形成を，まち並みづくりの方針として導出することとなった（図1.4）．

風景調査により，大野地区を一つの集落としてみたときの風景は，周縁（山林ゾーン）・中間（田畑ゾーン）・核（居住ゾーン）による三段構成となっていることを特徴として発見した（図1.5）．

居住ゾーンにおいては，表通りの建物と建物の隙間から裏手の田畑や里山の風景（つまり中間と周縁）が垣間みえるおもしろさがある．その風景の魅力を活かすために，こまちなみ整備とあわせて，裏道にあたる「小径づくり」（図1.6）や表通り沿いの空地と裏手の農地をつなげる緑の回廊づくり（図1.7）が戦略（2）「美しい風景をつくる」

● 第1章　岩手県（旧）大野村—地域の構想づくりと実践

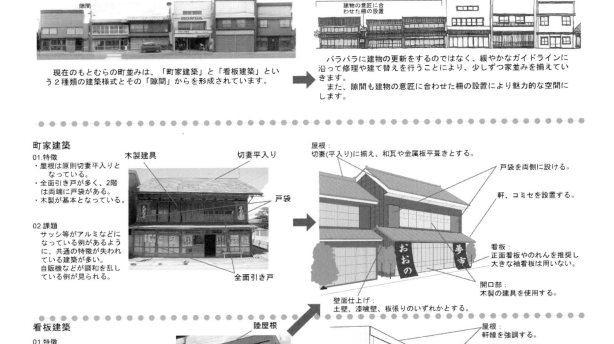

■図1.4　「こまちなみ」形成

に位置づけられた．

　市日調査では，露店の出店場所と業種・業態構成，出店者の問題認識，客の属性や当日の買い物行動，さらに日常の買い物動向などを調べた．

　そこから露天商と買い物客の双方の高齢化の問題，露店の品揃えの問題，市での買い物に対する「楽しみ」や「にぎわい」への期待，といった点が明らかになった（図1.8）．こうした成果から，戦略（5）「魅力ある商店街をつくる」において市日の露店のための広場整備などが計画された．

1.3　社会実験を通じた地域課題や魅力の掘り起こし

　大野地区の構想づくりにおける最大の特徴は，それ自体がイベントとして楽しめるような地域づくりの社会実験「大野夢市」を導入したことである．この社会実験を通じて，地域資源の活かし方を手探りで発見し，あるいは地域の課題や魅力の掘り起こし，まちづくりの実践活動として緩やかにひろげていくプロセスを展開した．

　社会実験の取り組みは2001（平成13）年から2004（平成16）年まで4回おこなわれた．プロト

1.3 社会実験を通じた地域課題や魅力の掘り起こし

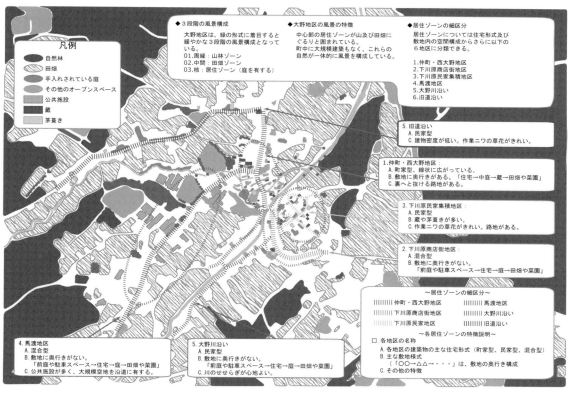

■図1.5　大野地区の風景調査

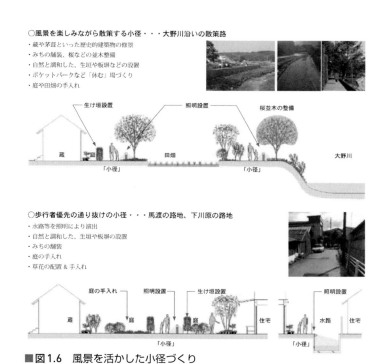

■図1.6　風景を活かした小径づくり

タイプとなった初回2001年の実験は六つのプログラムで構成されている．

一つめは，晴山家旧酒蔵の活用実験である．使われていない旧酒蔵を地域資源として再活用する可能性を探るため，映画館やコンサートホール，一人一芸の展示会やまちづくり討論会場として活用した．実際に多くの村民が参加し，にぎわいを楽しんだ（図1.9）．

二つめは，空き地を地域資源とみなした活用実験である．社会実験を機に，廃屋となり倒壊の危険があった建物を撤去して空地を創出し，仮設マーケット（おおのマーケット）によるにぎわい提供

7

● 第1章　岩手県（旧）大野村─地域の構想づくりと実践

■図1.7　緑の回廊

を試みた．路上市（毎月5のつく日に開催）の場所としても活用した．この空地は初年度の実験の後に地域住民とともにデザインワークショップをおこなって広場へと整備する案をつくり，実際に広場空間が整備された．2004年の社会実験ではミニコンサート会場として活用した．このように大野地区では，社会実験を起点として空地の利用可能性を探り，大学研究室と住民が整備案を模索し，整備後は住民が活用していくプロセスが生まれる，といったまちづくりの実践が展開したのである．

三つめは，まちなかスクール実験である．表通りに並ぶ空き店舗の土間・板の間を活用して，大野

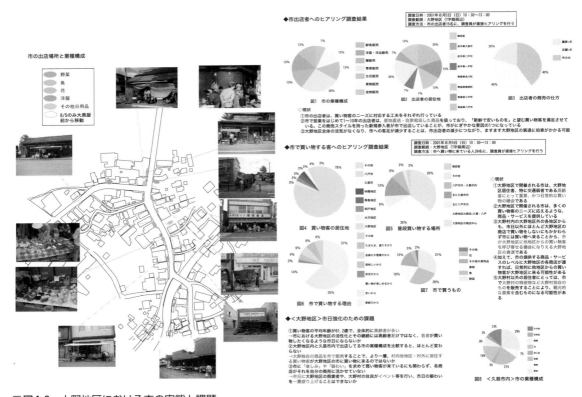

■図1.8　大野地区における市の実態と課題

8

■図1.9 蔵の活用

■図1.10 土間の活用

村の歴史や工芸といった「大野らしさ」の再発見をめざす展示・講演会（歴史教室，裂折教室，郷土料理教室，まちづくりワークショップ）がおこなわれた（図1.10）．

四つめは，まちなかサロン実験である．スクール実験とあわせて，土間や店先が休憩スペースとなった．実験期間には厚意でお茶を出してくれる住民もあらわれた．土間は訪問者が気軽に入れる休憩スペースとして，宿場町の歴史がある大野地区らしい「もてなし」を再現するものとなった．

五つめは，表通りの演出実験である．町家の連なる街路を一体感あるまち並みとして演出する仕掛けとして，表通り沿い54軒が協力して合計60枚の同じ柄の暖簾(のれん)を設置した．白い暖簾生地に各家の屋号や商店名，品物名など自由に記載してもらい，地域住民と学生が協力して生地縫い合わせと設置をおこなった．実験ではもてなしの表情が表通りに滲み出て好評を得た（図1.11）．

六つめは，光環境の実験である．街路灯整備の構想内容を検証するため，大野地区の夜景を演出するというイベント仕立ての実験をおこなった．この光環境実験は地域住民が村役場に要望していた街路灯整備事業に対して，実験を通じてあるべき灯りの姿を地域住民が自ら確認し，事業に意見を反映させる機会となった．夜景演出の観点からは大野川の灯りやシンボル的樹木の灯り，神社の灯りが地区に固有の空間資源を活かす新鮮な演出として村民に受け入れられた．

■図1.11 まち並みの演出

1.4 地域資源から構想を考える

豊かな自然はあっても，それが日常的であると，そこに地域としての目指すべき空間像をみいだせない場合がある．これに対して大野村におけるまちの読み解き作業は構想づくりのための三つの視点を示唆してくれる．

地域資源を掘り起こし，その価値を再発見し，活用する方向をみいだしていくこと．それらを全体構想やまちづくりの戦略など大きなストーリーに位置づけ，まちづくりの方向を緩やかに定めること．そして，合意形成とデモンストレーションの機会を兼ねた社会実験を通じて，地域資源の活かし方を発見することである．　〔遠藤　新〕

第2章

釜石

復興計画を構想する

　岩手県釜石市の中心市街地である東部地区は，東日本大震災の津波により甚大な被害を受けた．現在は復興に向けた整備が進んでいる．被災した市街地を再建し住みつづけるには，防災の観点から市街地の強靱化が望まれる．一方，その地域にひとびとが住みつづけたいと思うには，防災のような非日常の視点と，生活のための日常の視点をあわせもった復興まちづくりの構想が必要である．そこで本章では，防災性の向上と日常生活の場の再生という二つの視点を中心に，釜石東部地区における復興まちづくりの基本計画の構想過程を振り返り，まちを読み解く手法がいかに適用されているかを明らかにする．

2.1 復興まちづくり基本計画策定とその後の進展

　釜石市の復興まちづくり基本計画「スクラムかまいし復興プラン」は，被災から1ヶ月後（4/11）の市長による釜石市復興まちづくり基本方針の明示を起点に，骨子案の作成（7/11），中間案の作成（10/26）を経て，2011（平成23）年12月22日に策定した．この間の詳細な策定経緯については，基本計画に詳述してあるので参照してほしい（http://www.city.kamaishi.iwate.jp/fukko_joho/keikaku/fukko_kihonkeikaku/detail/1191314_3058.html）

　2011年12月の東日本復興特別区域法の成立を受けて，復興推進計画，復興整備計画，復興交付

金事業計画の作成に作業の重心がシフトすると，各地区に導入する復興交付金想定事業の精査がおこなわれ，2012（平成24）年1月から3月にかけて土地利用方針と事業想定の詳細内容に関する地元合意が，各22地区の復興懇談会において進められた．

　復興基本計画策定後の東部地区では，被災した主要公共施設（市民文化会館，市庁舎，警察署，消防署）の再配置検討に始まり，大規模遊休地（中番庫）への大規模商業施設（A社）出店構想，これに端を発する大町地区4街区の市街地整備検討が1月から4月頃に進められた．検討成果と復興基本計画をふまえて6月には，東部地区整備のマスタープランを庁内で作成した．当該マスタープランに沿って，7月以降には基盤整備計画の具体化と，大町地区4街区の市街地整備の具体化が進んだ．災害公営住宅は秋の住民意向調査をふまえて全体計画の検討が12月頃から始まり，復興事業は本格化していった．

2.2 復興まちづくりのためのワークショップ

　「スクラムかまいし復興プラン」は，専門家と市民とが協働でおこなったワークショップの成果が提案のベースになっている．

　2011年5月過ぎころに市の復興プロジェクトチーム（復興計画をつくる庁内特別チーム）が国との折衝（補助事業の適用，復興予算の確保な

■図2.1　ワークショップ時の風景

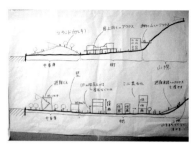
■図2.2　防災性を高めるアイデア図

ど）を念頭に作成した復興計画の「たたき台案」はあったが，その内容は土地の嵩上げ，区画整理や街路整備などの土木・基盤整備事業の全面的導入によりまちの歴史や記憶まで失うかのような無個性なまちをつくる案にみえた．そこで，もっと釜石らしさのあるまちの再建の視点が必要との思いから，防災だけでなく地域性・産業・居住を加えた四つのテーマを立てて素案づくりをおこなうプロセスを導入することになった．

2011年6月から8月にかけて，2回の復興まちづくりワークショップを実施した（図2.1）．小学校体育館などによる一時避難生活の最中，仮設住宅も建設中の時期におこなわれた同6月のワークショップは，3日間で延べ100人超の参加があった．ワークショップの参加者は市民や市職員のほか，東京と大阪から来た建築・都市計画・ランドスケープ・防災などの専門家が加わった．四つのテーマを設定したテーブルに分かれて，専門家と市民が協力して現地視察調査や避難所に出向いての避難者への直接聞き取り調査をおこない，現況分析と復興に向けた考え方を整理した．

被災者として心の整理や生活再建の目処も半ばにありながら「計画づくり」に市民が直接参画するのは時期尚早ではないかとの指摘は多かったが，今後の復興の基礎になる復興計画づくりのプロセスが市民にひらかれていることはきわめて当然だろう．一方，市民住民の参加は延べ人数の半数程度，逆にいえばワークショップ参加者の半数は専門家が占めるアンバランスともいえる参加者構成だった．このことを問題視する指摘も多かったが，地域のしがらみやさまざまな関係があるなか，（いわば内発的に）地元住民や職員だけで客観的立場・長期的視点からの計画づくりを進めるのは現実的に困難である．むしろ専門家が多いことを活かすべきとの考え方から，シャレットワークショップのような進め方となった．

2.3　災害に強いまちを構想するために，釜石の特徴を読み解く

防災のテーブルでは，現地調査や過去の津波災害の史料をふまえて，山が迫っていること，まちの中心に広い工場跡地（中番庫）があること，といった釜石の特徴を活かしつつ，津波に強いまちづくりを考えるべきとの方向性で議論が進んだ（図2.2）．震災直後に必要物資がまったくとどかなかった経験から，山中を通るバイパスルートや山際の避難道路の必要性が指摘された．市街地の土地嵩上げが議論されたが，釜石では多くの建物が残っていたことから，全体の嵩上げがむずかしく，それならば市街地より地盤が2m高い中番庫を市街地再建の代替地にしてはどうかといった意見も出された．そもそも同じ場所にまちをつくり直すべきなのか？　財産が流されても人命が守れればよいのか？　といった点も議論された．

最終的には，山際の避難路のネットワークの拡充（避難路の延長，「てんでんこ広場」の整備など）や，避難路や広場に向かう山方向への通りの明確化といったアイデアが整理された．浸水エリアを嵩上げするなどの大規模な市街地整備が明記されず，昭和三陸津波後に整備してきた山腹（標高20m付近）の避難路や広場の拡充がアイデアとして取り上げられている．日常生活において利用できる空間の整備，既存の市街地構造を大きく変えずに防災性能を向上させる整備への期待とともに，防災性の向上と日常の暮らしやすさとの調和が求められているといえる．

● 第2章　釜石─復興計画を構想する

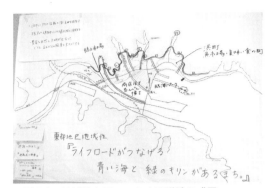

■ 図2.3　地域性をテーマとする議論の成果

2.4　地域性や居住性と防災性をいかに共存させるか

　地域性のテーブルでは，釜石とはどのようなまちだったのか？　という視点から，現地調査結果の振り返りと，市民それぞれの生活の記憶の振り返りや心象風景を語るといった議論が進められた．その結果，青葉通り，天王山，埠頭のクレーン（緑のキリン），魚市場，観光船（はまゆり），商店街，飲兵衛横丁，橋上市場など被災前の釜石の地域資源を復活または活用するアイデアが多々出され，復興のなかで継承すべき地域性が明らかになった（図2.3）．

　これらの地域資源は，天王山を除けばすべて低地や水際に存在していたために流され，壊滅的な被害を受けた．地域資源を活かした復興，（商店街，飲兵衛横丁，魚市場といった）釜石らしさのあるにぎわいの復興には，市街地全部を嵩上げ再建するのでなく，水際やその背後地などの場所に暮らし，危険を承知でいざというときには逃げることを前提にまちを計画すべきだという思いが一部参加者からは語られた．

　産業のテーブルでは，魚市場や水産加工など従前の水産漁業関連産業の復興が望まれるだけでなく，経済特区の形成，エコファクトリーの形成，クリーンエネルギー活用など，もともとの衰退地域を再生するための新たな産業振興のアイデアが整理された．

　居住のテーブルでは，ヒアリング調査を通じて，避難所暮らしや仮設住宅に関するさまざまな不安や不満が出された．さらに，同じ所に住みたい，同じ地域の高台に住みたい，同じ地域は嫌だが同じ学区内に住みたい，などなどの多様な希望が出されたことから，それに応えられる多様な選択肢の必要性が指摘された．仮設店舗やキッチンカーなどひとびとが集まる仕掛けの必要性，散歩できたり眺めがよい避難路がほしいといった日常的に活用したり親しめる場所の必要性が意見として出された．

　こうした各テーブルの議論の成果や意見を取りまとめて，最終的には東部地区全体の土地利用イメージがまとめられた（図2.4）．そしてワークショップの成果と国交省「津波被災市街地復興手法検討調査」の成果をもとに，復興プロジェクト会議（市の委員会）が「スクラムかまいし復興プラン」を策定した．

2.5　日常生活の場を再生するためのグランドデザイン

　日常生活の場を再建する視点から，市街地の被災状況とその時点での自力再建状況の把握をもとに構想づくりが進められた．その結果，大渡・大町地区を中心に県道釜石港線沿いの路面店の再集積をはかり，駅から浜町まであった商店街を，駅から大町付近までに縮小して「商店街らしさ」（店舗が集まってできるにぎわいなど）の再生を期する案が，復興プロジェクトチームおよび復興プロジェクト会議学識者によってスタディされた（図2.4）．

　かつての東部地区には商店街のにぎわいがあった．震災以前の商店街は，「県道釜石港線」を軸として，魚河岸のある浜町（江戸期の釜石の中心）から鈴子地区（製鉄所）および鉄道駅まで，地区でいえば大渡・大町・只越・浜町地区の4地区，全長約1.4 kmにつづく商店街だった．近年は浜町の衰退，製鉄所の従業員数と駅利用客数の減少，橋上市場の撤去や百貨店などの撤退といった集客施設の不在が影響して，商店街の衰退と空洞化は深刻であった．個店努力はそれなりにあっても，全体として空き店舗，空地，青空駐車場が目立つ状況にあった．これを3.11の津波が襲い，

■図2.4 東部地区グランドデザインのためのスタディ

浜町と只越の商店街は壊滅，大渡と大町は一部建物がかろうじて残るまでに破壊していった．震災後には仮設店舗（天神，大只越，鈴子）の開設とほぼ同じ2011年の夏までには大渡と大町でいくつかの店舗が自力再建の工事を始めたが，かつてのようなにぎわいを取り戻すには相当な時間と努力が必要だろう．

被災前の衰退状況を考えれば，市街地全体としては未利用地や空地の増加が予想された．そこで，空地としての土地利用を市街地を横断する大規模緑地，市道只越天神町線のほか複数街路（海から山に向かう街路）の拡幅・新設，背割り宅地の裏庭確保，宅地前面の広場など，市街地内のさまざまな空地としてスタディされた．さらに，広大な開発用地が確保できそうな只越町での面的住宅開発，港街である浜町での水産加工用地整備もあわせてスタディされた．

この作業をたたき台にして，東部地区のグランドデザインが具体化された．それと同時に，自力再建や民間開発の動きが活発化，顕在化しはじめた．2012年の1月から2月頃には東部地区の大規模遊休地への大規模商業施設の出店が計画された．こうした具体的な動きの全体の整合をはかるため，庁内では東部地区土地利用計画が2012年6月から8月頃にまとめられた．この土地利用計画は，その後の災害公営住宅やその他施設整備のプロポーザルなどのさいには参考資料として示されるなど，東部地区の復興まちづくりの基本図書として使われていった．

2.6 多角的視点からまちを読み解き，復興計画を構想する

釜石では，防災性と日常生活の再生という二つの異なる観点が構想づくりの初期から強く意識されていた．専門家と市民が共同して素案（材料）をつくるワークショップが導入されたことで，被災状況や被災者のヒアリング調査，史料調査，地域資源の発掘調査などをふまえた，まちを読み解く議論が実現できた．まちの非日常的側面（防災）と日常的側面（釜石らしさ）のバランスが意識されてきたように思われる．

また，さまざまな事業が動き始める段階になると，それらの共存が問われることになる．構想時の理念を事業段階で具現化するには，あらかじめ空間的整合性をスタディしておく必要がある．釜石東部地区ではグランドデザインとしての土地利用計画がその役割を担った．グランドデザインの作成には，市街地の残存状況，地形と市街地形態の関係，縦軸や避難路など釜石を形づくってきた都市計画などを読み解く作業がおこなわれた．

復興計画には多角的な視点での検討が必要であり，そのための基本となる作業がまちを読み解く作業なのである．　　　　　　　　　　　［遠藤　新］

喜多方

第3章 「蔵ずまいのまち」を現代につないでゆくための都市デザイン

「蔵ずまいのまち」として名高い福島県喜多方市は，磐梯山の裏側，会津若松市の北方，会津盆地のなかに位置する，人口約5万人の地方小都市である．市内に約4100棟あるともいわれる「蔵」と，まちなかに店が多数集積するラーメンのまちとして全国区の知名度を得て，年間100万人ほどの来訪者が訪れているが，一方で，地方都市に共通する縮減時代の課題を有しており，地域文化を大切にしながら豊かで暮らしやすいまちづくりを実現することが求められている．

3.1 多彩な「蔵」の顔とその根源

市街地中心部のまちづくりの契機でもあり，地域文化の象徴でもある「蔵」を活かしたまちづくりを実践してゆくためには，そもそもこの蔵について，多角的な側面から把握する必要がある．もともと，防火建築であり，家財道具や品物，農作物などの貯蔵や保管のための倉庫でもある蔵，もしくは蔵づくりの建物は，江戸期から喜多方にも散見されたと思われるが，1880（明治13）年，喜多方の中心部である小荒井地区で起きた大火のさいに，多くの蔵が焼け残ったことから，まち中に爆発的に広がったといわれている．その後，蔵は機能としてのみならず地域の文化としてひろまり，「男四十にして蔵の一つも建てられないのでは一人前ではない」といわれるほどになる．その後，1972～74年には，地元の写真家（金田実）

による写真展，1975（昭和50）年のNHK『新日本紀行』での放映「蔵ずまいの町 福島県喜多方市」（プロデューサー：須磨章）で著名になり，学術的には，地域の郷土史家による調査，そして，伝統的建造物群保存地区調査（1979年）がおこなわれていたが，市街地全体の面的調査はあまりおこなわれていなかった．蔵の数に関しては，固定資産課税台帳をもとにカウントした結果，4100棟程度（合併直後の市域全体の総数）だといわれている．

a. 多彩な蔵の顔

喜多方は，後に述べるとおり，都市と農村の要素をあわせもつ「在郷町」であることからも，多彩な顔を有している．一見，通りにずらりと蔵の並ぶ壮観な風景には出会えないようにおもわれるが，沿道に顔を出す蔵のみならず，表通りからはみえない敷地の奥にも多彩な蔵の佇まいを目にすることができる．たとえば，喜多方市街地のメインストリートである通称「ふれあい通り」には，江戸を中心に多くみられた，「店蔵」（もしくは「蔵造り」）とよばれる，切妻平入りの2階建ての蔵が，沿道に多くみられるほか，家財道具や品物を補完する倉庫蔵が短冊状の敷地の奥の方に並んでいる．なかには「三十八間蔵」ともよばれる，奥へと長く連なる三連の倉庫蔵も存在している．また，農村部にいけば，作物や農機具を置く貯蔵蔵・倉庫蔵が多く存在しており，なかにはこれらを改修した民泊可能な蔵もある．菌のつきのよい

土壁を有し，調温調湿機能にも優れた蔵は，糀や酵母をもちいた発酵食品や酒類づくりにも有用である．喜多方には，造り酒屋が9軒みられ（昭和40年代には17軒あったといわれている），日本酒のほか，味噌・醤油をつくる醸造蔵もある（喜多方の風景をながめると，まち並みの後ろに煉瓦の煙突がみられ，醸造業の発展をみてとることができる）．あるいは，喜多方では漆器などの工芸も盛んであるが，漆も温度湿度の変化を嫌うため，漆塗りの作業（工房）蔵としてももちいられている．

さらには，京都から日本海側でも多くみられる「座敷蔵」（あるいは「蔵座敷」）も多数存在し，51帖の豪華な大広間を有する甲斐本家座敷蔵のほか，なかには店蔵の2階が座敷となっているものもみられる．このほかにも，喜多方には塀蔵や厠蔵など，蔵づくりの建築物がさまざまな生活環境のなかに落とし込まれており，蔵ずまいの文化が生活のなかに自然と浸透している様子をみてとることができるのである．

しかしながら，こうした蔵の様子も，具体的なまちづくりのなかで明確に意識されていたわけではなかった．2001（平成13）年より，文化庁・日本ナショナルトラストの委託による東京大学の観光まちづくり調査では，中心部の蔵を目視により調べ，その結果を「まちなかMAP」として地図にまとめ，再生に関する観光まちづくり提案として昇華させた（図3.1）．これによって，経験的には理解している資源としての蔵の分布が，地域にも意識されることとなり，観光客にとっても，顕在化された蔵の存在を認識しやすくなり，回遊に寄与するものとなる．また，この蔵調査および各戸へのヒアリング調査によって，一見通り沿いからみえなくとも，多くの家のなかに蔵が息づいていること，そして，各邸

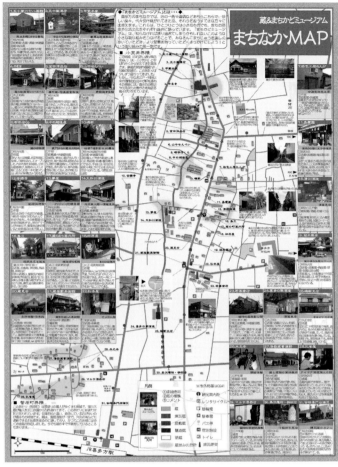

■ **図3.1** 喜多方まちなかMAP（http://ud.t.u-tokyo.ac.jp/projects/archives/p02/kitakata/kura_map/kura_map.htm）（作成：東京大学都市デザイン研究室）

宅では，古くから受け継がれる品物や調度品など，自慢の品をいまでも保有していることがわかり，これを活かして，自分の蔵や蔵座敷，邸宅を公開して，生活の一部を来訪者に紹介する「蔵みっせ」というイベント，そして，各戸の名品を店先や仕事場の一角などに展示する「まちかどミュージアム」という，実際のまちづくりの取り組みにつながった．

b. 豊かな地域性を反映する蔵文化の表象

喜多方の中心部から少し外側の郊外部（かつての郊外部）へと離れてゆくと，さらに多彩な蔵の顔を目にすることができる．たとえば，杉山集落は旧市街地の外側に位置する小集落である．かつ

●第3章　喜多方—「蔵ずまいのまち」を現代につないでゆくための都市デザイン

■図3.2　各集落の蔵写真（左より，杉山集落の蔵，下三宮集落の蔵，三津谷集落の蔵）

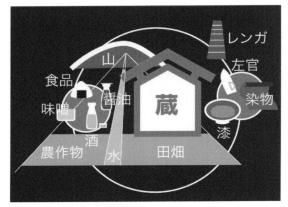

■図3.3　地域資源関連図
蔵は地域の地形，気候，産業，文化などとともにある．

圏域だけでも，非常に多様で特徴的な蔵をみることができるのである（図3.2）．

ちなみに，ご当地ラーメンとして全国区の「喜多方ラーメン」は，多加水ちぢれ麺とよばれる水分含有量の高いもちもちの麺，そして透き通る魚の出汁の醤油スープが特徴だが，これは，飯豊連峰や雄国連峰から流れる豊かな水を多分に含み，また，調温調湿に優れた蔵で醸造された醤油・味噌を利用しているからこそであり，その意味で，喜多方の地形や大地の恵みをまとった料理である．かつて，鉱山や工場帰りの職人のために簡単に温まることのできる食事として地域に息づいていたが，蔵をみにきた来訪客をもてなす料理がほかになかったところで，この生活文化に根づく喜多方ラーメンの味が来訪者にも受け入れられたのである．

会津盆地を取り囲む秀峰に育まれた地下水・湧き水の存在，この恵みを活かしてつくられる米や日本酒・味噌・醤油，そしてこれらをつくるのにふさわしい蔵の存在，あるいは調湿機能の特徴を活かして工芸を育み，防火建築として店や商品・家財を守る店蔵，地域の誇りと文化のなかで生まれた座敷蔵など，蔵はあくまで，喜多方の地形・歴史・文化・環境などの総体を表象する一部である．蔵だけが大事なのではなく，こうした喜多方の地域文化の根（root）とともに存在しているということが重要だといえよう（図3.3）．

ては，菅笠をつくる雪深い集落であったが，ここでは，兜屋根とよばれる，重厚な屋根の様子がみられる（雪の重さに耐えるための形態ともいわれているが，定かではない）．また，下三宮集落もやや辺縁部に位置する集落である．ここも理由は定かではないが，雪や気温の影響か，母屋と蔵が一体となった「おしくらまんじゅう」のような建築形態をみることができる．同じく郊外にある三津谷集落には，磐越西線の橋脚建設を目標として建設されたともいわれる，煉瓦焼成のための「登り窯」が現存している．明治末期には，これをもちいた蔵や邸宅が市内にいくつか建設されたが，窯とともにあるこの集落では，この煉瓦をもちいた蔵が集まっている．喜多方の煉瓦は，焼成温度がやや低く，釉薬をかけて焼くため，紫がかった渋い色をしている．一時期放置されていたこの登り窯は，経産省の近代化産業遺産に指定されたほか，地域住民の手によって焼成可能なまでに再生され，この窯で焼いた煉瓦が，現在，公共建築の一部にももちいられている．このように，喜多方

3.2　まちの構造

喜多方市街地は，中心部に骨格となる格子状の街路が配され，周囲に環状の街路が巡る，いわば

3.2 まちの構造

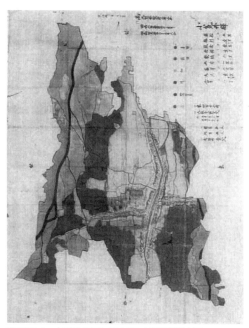
■図3.4　1810（文化7）年の小荒井駅絵図

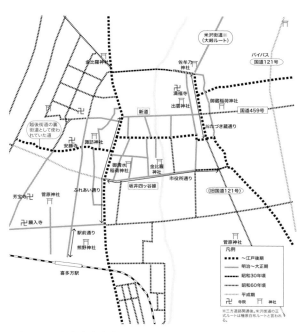
■図3.5　喜多方市中心部道路ネットワーク図

都市計画の典型のような構造をしているが，その形成過程をひもとくと，田付川を中心として東西に二つの線形のまちをもった「双子都市」であることがわかる．

「北方」とよばれた近世の喜多方は，基本的には，会津の中心都市である会津若松と，山越えで北側の米沢とを結ぶ街道筋の間に位置し，地形的には，なだらかであるが北側にそびえる飯豊連峰から南側に緩やかに下っており（まちなかの水路をみると，水は緩やかに北から南に流れていることがわかる），骨格街路も南北方向を基軸としている．そうした都市骨格のなかにある喜多方は，いわゆる「在郷町」とよばれるタイプの都市形態である．まちの中心を流れる田付川を流通の中心として，物資の交換を行っていた．現在，「ふれあい通り」とよばれる商店街（仲町商店街・中央通り商店街・下南商工会）あたりが，「小荒井」地区であるが，ここは，1564（永禄7）年，蘆名盛氏により町割りがなされた場所であり，その後，六斎市が開催されている．少し遅れて1589（天正17）年，今度は，川の東側に，町割りがおこなわれて小田付のまちができ，市が二分された．江戸

時代には，小田付村に代官所が設置されるなど，小荒井と小田付は切磋琢磨しながらまちを発展させてきた（図3.4）．また，これらをつなぐみちとしては，緑町を通る街路が絵図にも記されており，古くから存在していることがわかる．この通りは，非常に幅員の狭い街路ではあるが，現在でも歴史を積み重ねた空気感を有している．

喜多方における都市近代化の端緒の一つは，磐越西線（旧岩越線：郡山～新津）開通に伴う喜多方駅開業（1904年）であるが，駅は旧市街地から少し離れた位置に設置されており，そのため，駅前は現在でも，必ずしも中心街を形成するまでには至っていない．

道路に関しては，その整備・管理主体の差異（国・都道府県・市町村）も把握しておく必要がある．喜多方市街地では，市道と県道が混在している．たとえば図3.5中のふれあい通りや，駅前通りは，県道（管理主体：福島県）であり，市役所通りやおたづき蔵通り（旧国道）は市道である．これらの道路のなかには，都市計画道路として拡幅が予定され，順次整備が進んでいるものもある．これまでも，駅前通り・市役所通りなどの

17

●第3章　喜多方―「蔵ずまいのまち」を現代につないでゆくための都市デザイン

■図3.6　ふれあい通り・市役所通り沿道の建物用途図
古くからの中心商店街であり，店舗が中心だが，時折，住宅や空き家が散見されていた．その後，道路整備，沿道まち並み整備を経て，多くの空き家が解消された．（出典：編著：東京大学都市デザイン研究室『喜多方まちづくりブック』p.56）

一部が順次拡幅整備されてきた．このように，市街地の都市形成の骨格を理解しておくことが，地域の豊かな公共空間や活動を生み出す場づくりのために重要になる．

3.3 都市デザインに向けての調査と検討～「くらにわ」と「みち」の再生～

前述のように，会津の地で育まれた豊かな地域文化資源を有する喜多方であっても，ほかの地方都市と同様，中心部の空洞化と高齢化，人口減少といった共通の課題を抱えている．また，2006年1月の市町村合併を経て，周辺農村部との関係の再編も必要となっている．そのなかで，前述のとおり，中心部の道路再編整備が着々と計画され，メインストリートであるふれあい通りでも，再編整備が検討されていた．

ふれあい通り沿道の様子を調査してみると，連続立面全体のうち15%程度が蔵となっていることがわかる．また，土地利用としても，多くは飲食以外の最寄・買い回り品の店舗であるが，一部仕舞屋化した住宅もあり，空地も15%程度みられるなど，今後は通りの活気を生み出すための土地利用を考える必要があることがわかった．さらに，個々の商店主（＝ほぼ住民でもある）への聞き込み（ときには飲み会）や勉強会などを通じ

て，沿道再編のあり方を議論してきた（図3.6）．

ここまで，喜多方の地域文化の表象として「蔵ずまい」を紹介してきたが，ふれあい通りは，川越市の蔵のまち（一番街）のように，通り沿いに蔵が連なって一目瞭然というわけではなく，アーケードもかかっており，来訪者にも「蔵のまちはどこですか？」と聞かれるほど，蔵の存在が認識できないこともしばしばであった．さらに，空き地も増加しており，縮減時代を迎えた現代では，こうした空き地がすべて建築物で埋まるということは想像し難いことから考えると，こうした空き地もまち並みの重要な要素の一つとして位置づけてゆく必要がある．一方で，まち並みをよくみてみると，蔵の前にある外部空間（庭）が蔵の存在をさらに価値づけている様子も発見された．そこで，こうした蔵の前の外部空間を「蔵庭」と名づけ，豊かな外部空間を生み出す契機として検討した（図3.7）．

ふれあい通りは，都市計画道路として拡幅が計画されている通りであるが，通り沿いには蔵を含めた歴史的資源も多く存在しており，これらに大きく影響することから，通りを再編整備するにあたって，都市計画事業ではなく街路事業として進めることとなった．また，1970年代の商業近代化事業のなかで，商店街の手によって設置されたアーケードは，その老朽化，あるいは，みえにく

3.3 都市デザインに向けての調査と検討 ～「くらにわ」と「みち」の再生～

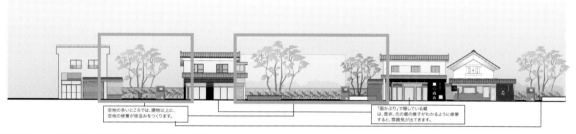

■図3.7　まち並みの要素としての蔵と空地

い蔵の顕在化などを理由として撤去を決定した．一方，冬季の積雪という課題に対してアーケードの撤去はデメリットであるが，パイプ設置による無散水消雪という方法で対策がとられた．また，これに伴い，無電柱化事業もあわせて進められることになった．しかし，一般的には，無電柱化を実現しても，トランス（変圧器等機器）が地上に出てしまい，結局豊かな街路空間を実現できなくなってしまう．これらの対策として，官民が連携し，民地の一部を県道の一部として買い上げて，凸凹の道路とし，その買い上げ部分にトランスを設置するとともに，あわせてポケットパークを設置する事業を「くらにわ事業」として実施することとした．今後は，隣接する民地との連携，通りと沿道を一体的に整備・利活用するための方法論の構築が予定されている．

また，アーケード撤去に伴って，沿道のファサードが顕在化してくるため，これも整えてゆくことが求められた．これまでまちづくりをしたことのない市街地では，まち並みをどう整備するかがわからず，数十回に及ぶ勉強会により議論を重ねた．一つひとつきわ立って建つ多彩な蔵のほか，蔵以外の木造の町家建築，そして一般的に建て替えられた建物など，それぞれの魅力に留意した上で，ふれあい通り沿いの各商店街で締結した「景観協定」や地域で自主的に作成した「ガイドライン」とともに各店舗の改修およびファサード整備の完成予想図（立面図）をもちいて地域のまち並みについて検討し，これを参考としながら，多くのファサード整備が実施されている．

一方，田付川東側の小田付地区では，通り沿いのみならず，裏通りにも複数ある荒れ地を過大視していた．地域の自主的なまちづくり団体である会津北方郷町衆会では，地元高校生とともに未利用地の空間に芝生を貼り，その奥にある放置されていた蔵の再生も手がけながら，ストックを蔵庭として再生するプロジェクトを進めており，拡大している．このように，地域調査から抽出された「くらにわ」という空間概念をもとにしながら，まちなかに拡大・浸透することを通じて，都市再生へひろがることが期待される． 　　　　［野原　卓］

第4章

板倉町

文化的景観の分布調査

2004（平成16）年の文化財保護法の改正によって導入された新たな制度として，「文化的景観」を保存する活動が各地で試みられている．群馬県邑楽郡板倉町は，2011（平成23）年に関東で初めて国の「重要文化的景観」に選定された事例である．2005（平成17）年から文化庁と群馬県とで協働し，板倉町が中心になって文化的景観のための調査がおこなわれたが，筆者が参加したデスクワークによる歴史的景観調査方法の特徴を紹介する．

4.1　板倉の文化的景観の背景

板倉の特徴は，ひとびとと水との深いかかわり，生活の歴史によって生まれた「水場」とよばれる景観である．利根川と渡良瀬川の合流域に位置し，中世末期から近世（約400年前）にかけてつくられた囲堤や流路変更などの大規模な治水事業や水利システムによって，現在の穀倉地帯が形成されてきた．水の脅威と向き合いながら，洪積台地や自然堤防の地形を活かした集落の分布形成や，災害時に緊急避難できる土盛りされた「水塚」という納屋や土蔵を個々の農家に形成して，固有の景観をつくり出してきた（**図4.1**）．さらに，北西側から吹く冬の季節風から母屋を守るために，水塚の外側に屋敷林の高木を植えている農家がつづく．田園のなかに遠望される「緑の壁」が北関東の風景を特徴づけている．

一般に，文化的景観とは，文化財保護法で「地域における人々の生活又は生業及び当該地域の風土により形成された景観地で我が国民の生活又は生業の理解のため欠くことのできないもの」と定義されている．板倉の事例でいえば，「水塚」のように地域で当たり前であった景観，水害から身を守るために伝えられてきた家を建てるときの常識の集まりである．しかし現代社会においては，このような常識に変化がみられ，知らぬ間に景観が壊れてきている．水塚の消失の原因は，人工堤防が強化されて水害の心配が薄れたことで，水塚は敷地のなかでじゃまものとされたことである．また，母屋が輸入材によるメーカー製となると，家の壁自体に防風機能があり，管理が必要な屋敷林も不要となってきている．そして，居住者の高齢化とともに，水塚の価値が意識されなくなってきている．

4.2　文化的景観の調査対象

現在記述可能な文化的景観の特徴をあまねく記載することが，調査の目的であり，町域全域が調査対象となった．おもに文献資料によるデスクワークと，現地調査のフィールドワークとから成るが，ここではデスクワークを紹介する．

治水の歴史を絵図から学び，すべての河川，農地，歴史的な人工堤防，洪積台地や自然堤防の地形と水塚を含む集落の位置，川を堰き止めた旧河

4.3 歴史的地図による土地利用の調査方法

■図4.1 板倉町の美しい農家の構え
水塚が土盛りされた屋敷林の奥左側にみえる．

川沿いの集落の位置について，歴史的な地図から調査した．また，地図から判読できない緑地の分布については，過去の航空写真を調査した．

板倉のひとびとは水への畏敬の念を抱いてきた．なかでも「歴史的な堤防」「水塚」「屋敷林」は，利根川流域に共通にみられる歴史的景観，つまり，「文化的景観」である．

少なくとも，板倉町で確認されている最も古い水塚は，江戸時代末期（天保元年，1830年）のものであり，江戸時代から水塚の景観がひろがっていたと考えられている．さらに，1910（明治43）年の利根川堤の決壊，1947（昭和22）年の谷田川堤の決壊などを契機に水塚の必要性が認識され，町内に普及した．したがって，比較的最近の水塚であっても，1947年以降の建造であり，築60年以上の歴史的価値を有している．1979（昭和54）年に343棟あった水塚は，2001（平成13）年には153棟にまで減少している．

4.3 歴史的地図による土地利用の調査方法

広域の土地利用の履歴を調査するためには，歴史的な絵図や地図をもちいることが基本となる．板倉町の場合，土地利用が判読できる広域の地図で最も古いものは，1884（明治17）年のものであった．そこで，土地利用の分析をおこなうため，以下の四つの年代の土地利用の変化を地図上

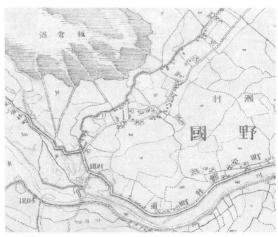

■図4.2 1884年の地図（海老瀬地区，第一軍管地方二万分一迅速測圖原圖，国土地理院）

でデータベース化して比較した．
1) 1884（明治17）年地図（第一軍管地方二万分一迅速測圖原圖，図4.2）
2) 1947（昭和22）年地図（5万分の1地形図）
3) 1972（昭和47）年地図（2万5千分の1地形図）
4) 2002（平成14）年地図（2万5千分の1地形図）

地図は，GISまたはCADで作図することで，土地利用面積を計測することができるとともに，各年代の地図を重ね合わせて評価することができる．そのさいに，より新しい地図をベースマップに使用することで，過去の地図の誤差を補正することが必要である．また，景観の変化に着目するだけでなく，長い間変化していないエリアも抽出

● 第4章　板倉町—文化的景観の分布調査

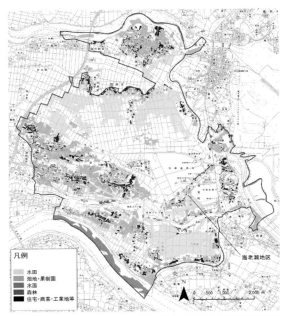

■図4.3　1884年から2002年までの間で土地利用に変化がみられなかった場所の表示

作図と評価にあたっては，板倉町の委員であった筆者が技術指導した．1884年，1947年，1972年，2002年の地図をもちいて，デジタルデータ化し，重ね合わせたうえで評価をおこなった．ここ120年近い土地利用からみた景観の安定性をみることで，歴史的景観がどこに存在する可能性があるかを抽出した．この評価は，重要文化的景観の申請エリアの検討に役立てられた（板倉町教育委員会，2008）．

することが大切である．歴史的価値が含まれている可能性が高いためである．

1884（明治17）年から2002（平成14）年までの間で土地利用に変化がみられなかった場所の作図の結果（図4.3），大きな板倉沼や新しい耕作地が整理された一方，水辺や洪積台地や集落付近で変化していないところの位置情報が詳細にわかる．この変化していない「歴史的な宅地」の位置と「水塚」の分布は重なっている．

また，データベース化することで，面積の計測と経年比較が容易である．たとえば，水田の占める割合が，耕地整理などによって21%（1884年）から49%（2002年）まで増加している一方で，水面の占める割合は，14%から5%まで大きく減少している．これは，板倉町の中央に位置していた板倉沼の大きな水辺が徐々に埋め立てられ，水

田に変化した後，工業団地やニュータウンに変化したことによる．

4.4　航空写真による緑地と農地の調査方法

歴史的地図によって土地利用を観察できる一方で，屋敷林の緑の存在が表示されていないという課題がある．板倉町の文化的景観において，屋敷林の存在もまた重要であり，地表面の様子を理解するために，航空写真での調査が有効である．調査にもちいた航空写真の年代は，以下のとおりである．

1) 1948（昭和23）年の航空写真（板倉町．ただし，全域の写真が残されていない．図4.4）
2) 1963（昭和38）年の航空写真（板倉町）
3) 1986（昭和61）年の航空写真（国土交通省，図4.5）
4) 2008（平成20）年の航空写真（板倉町，図4.6）

最も古い1948（昭和23）年の航空写真によれば，その防風機能としての屋敷林の設置意図は明白で，利根川流域の田園ではごく自然な住まいのつくり方として共通に存在していた．

4.5　海老瀬地区の特徴

注目されるのは，町内の中心部に位置する海老瀬地区である．板倉沼（現存せず）と渡良瀬調整池と谷田川にはさまれるエリアの低地部は，かつて水害の被害を受けやすかった．そのため，人工的に高さ3mほどの線形の土手をつくり，水塚を一列に並べてきた．かつては土手沿いに歩けた．この土手は以前あった大きな板倉沼に平行しており，旧渡良瀬川と谷田川の堤防をつないで形成したもので，1884（明治17）年の測量図では明確に人工的な堤防として描かれている．全長は2kmある．いまでは，土手が道路で短冊に切られ，その面影が失われつつあるものの，中新田から下新田にかけて水塚と屋敷林をもつ伝統的な屋敷形式

4.5 海老瀬地区の特徴

■図4.4 海老瀬地区の航空写真(1948(昭和23)年,板倉町)
列状に並ぶ集落(中央)には,北西側に防風屋敷林の緑地帯が連続していることがわかる.また,左上の整然とした耕地は,板倉沼を一部水田に変えた部分である.

■図4.5 海老瀬地区の航空写真(1986(昭和61)年,国土交通省)
昭和23年と比較して,集落の周りに耕地整理が拡大していることから,図4.3で土地利用が変化していなくても,歴史的景観でない部分が読み取れる.

がまとまった景観として残されている.しかし,周囲は新興住宅地として景観が一変している.

この地区の航空写真を比較してみると,1986(昭和61)年まで土手の北西側に緑の帯が形成され,防風屋敷林が土手や水塚とともに連続的な景観をつくっていた.しかし,2008(平成20)年の航空写真をみると,その緑の帯が大きく失われていることがわかる.駅に近いこの地区は,景観変化が最も大きい地区であるが,21棟と最も数多くの水塚が残されている.問題は,ぶつ切れになっている土手とコンクリートよう壁化,地形の変更,周辺宅地の景観とのギャップの大きさである.都市計画自体が,地域性や景観への配慮をほとんどおこなっていない問題が見受けられる.

一方,1948(昭和23)年と1986(昭和61)年の航空写真を比較すると,歴史的集落の周囲の水田は,耕地整理されていることがわかる.図4.3で土地利用が変化していないと評価された土地でも,水田の実質的な景観は変化し,歴史的価値がない部分が含まれていることが,航空写真から読み取れる.

こうしたデスクワークの調査の後,現地で自転車などをもちいて人の目線から詳細に観察するフィールドワーク調査が必要である.デスクワー

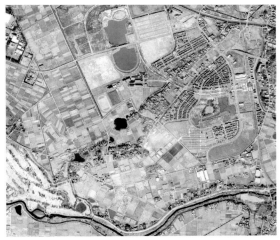

■図4.6 海老瀬地区の航空写真(2008(平成20)年,板倉町)
歴史的集落の緑地は比較的残されているが,集落の両側で土地区画整理がおこなわれ,水田が減少し,新しい道路や住宅地の様子が読み取れる.

クによって,歴史的価値を有する景観がどこにあるのかをあらかじめ把握でき,フィールドワーク調査に活用できる.　　　　　　　[宮脇　勝]

[文献]

板倉町教育委員会(2008):『利根川・渡良瀬川流域の「水塚」景観保存計画 - 群馬県板倉町 -』,板倉町.

大宮氷川参道

第5章 | 参道樹木調査とその保全活動の実践

　武蔵一宮氷川神社（さいたま市大宮区）は大宮の地名の由来ともなった，古くからの歴史と格式をもつ神社である．本章ではその参道である氷川参道（以下，参道）を取り上げる．

5.1 | 大宮氷川神社と氷川参道

　参道はほぼ南北におよそ1.9 km続く，ケヤキを主体とした並木道で，大宮駅からおよそ550 m東に，さいたま新都心駅からはおよそ450 m北西に位置している．

a. 沿道の土地利用と都市計画規制

　参道西側の大部分は，大宮駅を中心とした商業地域に指定されている．参道東側については，大宮駅前から東に延びる中央通りを中心として近隣商業地域が指定されているが，そのほかは住居系用途地域が指定されている．つまり，参道は商業系の土地利用と住居系の土地利用の境界に位置している．また，参道の中心より両側17.5 mずつ，計35 mに対して戦前より風致地区が指定され，建物高さ，建蔽率，壁面の後退，樹木の伐採の制限などが定められている．そのため，参道に面した建物については建物高さがそれなりに抑えられているが，大宮駅から徒歩数分という立地条件のよさ，商業地域として高容積が指定されていること，参道並木が景観的にも住環境からみてもプラスに働くなどの条件が重なり，風致地区に隣接する商業地域では，参道のすぐ脇に高層マンションの建設が活発に進んでいる．

b. 氷川の杜まちづくり推進協議会

　歴史的にも都市骨格上も参道は重要であるが，歩車共存部分における歩行者への危険性や，参道並木の健康被害といった問題について，有効なアプローチをとることができていなかった．そのようななか，今後の参道並木の維持・保全に対する危機感をもった沿道の地域住民が主体となり，沿線自治会長，学識経験者，地域住民ではない一般市民有志も参加し，行政の支援も受けながら1995（平成7）年9月に氷川の杜まちづくり推進協議会（以下，協議会）が発足した．2017（平成29）年現在，約40名の会員を有し，1）参道の交通対策への取り組み，2）参道並木の保全に対する取り組み，3）参道の長期的将来像を考える活動，4）参道の魅力や現況の市民へのPR，5）参道の日常的な管理活動，といった五つの柱を中心に活動している．

5.2 | 参道の樹木調査

　このように，協議会では多くの活動に取り組んでいるが，本章では，地域づくりのための調査実践という観点から，参道並木の保全に対する取り組みとしておこなった樹木調査と，それに続く保全活動について詳しく紹介する．参道の並木は大

宮の緑のシンボルとしてひろく親しまれてきたが，先ほど述べたようにその維持管理については十分とはいえない状況である．たとえば参道並木のなかでも太い古木が市の天然記念物に指定されているが，1992（平成4）年には29本が指定されていたものの，枯死や倒木により現在それらは2/3に減少している．その他の樹木についても，空洞化や腐朽の進行などが起きていることが懸念されていたが，参道並木についての包括的な調査はこれまで取り組まれてこなかった．そこで，協議会では樹木の保全方策を考えるための基礎データを得るために，おおむね高さ5mを超える並木合計約700本について，サイズや健康状態に関する，詳細で包括的な調査を実施することとした．樹木を人間にたとえるならば，身体測定と健康状態についてのカルテを個人ごとに作成していく作業であるといえる．

a. 樹木調査の方法

1) 調査票や地図の作成

調査をおこなうにあたっては，まず地図と調査票を準備する必要がある．具体的には，高さ5mを超える樹木の位置および樹木番号を記載した地図を作成するとともに，A. 樹木の寸法，B. 隣接する建物との関係，C. 樹木の健康状態，D. 活力度の判定，E. その他の観察内容といった項目が入った調査票を準備した．市街地内における樹木の生育環境をみるうえでは，樹木と周辺建築物との位置関係を把握することが重要であると考え，調査項目に加えている．また，健康状態を判断する項目については，容易かつ迅速に判定をおこなえるように選択式とした．

2) 調査班の編成と役割分担

調査は4〜8名で班を編成し，班内で写真係，寸法測定係（複数名），記入係，その他補佐といった役割を分担した．写真係は，デジタルカメラおよび小型の黒板をもつ．樹木番号を黒板に書き込み，それと調査対象樹木とを同時に写し込むことで写真整理のさいの混乱を防ぐこととした．寸法測定係は，幹の周長を測る高さ（目通り）を示す長さ1.3mの棒と巻尺，および超音波による

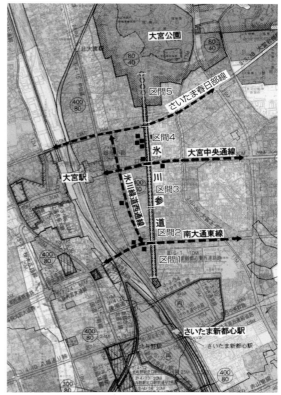

■図5.1 氷川参道周辺の都市骨格と土地利用（氷川の杜まちづくり推進協議会，2010：2011より加筆修正）

距離測定器具を使って距離や長さを測定した．

3) 測定・観察方法

樹木調査において，樹種の同定はむずかしい作業である．大宮氷川参道はケヤキ並木であるという印象を一般的にはもたれているが，実際にはケヤキだけではなく，多くの樹種がみられる．これらの同定を一般の参加者がすべておこなうことはむずかしく，かつ誤るおそれがある．そのため専門家である樹木医にも調査に同行してもらい，迷った場合には判断を仰いだ．このほか観察時に生じた疑問点についても，随時樹木医に相談しながら調査を進めた．

A. 樹木の寸法

A-1) 目通り：地上1.3mの高さで幹の周長を測定する．

A-2) 樹高：樹高を測ることはかなりむずかしい．そこで，サンプルとなりそうな樹木をピックアップし，それについて三角測量の原理をもちい

●第5章　大宮氷川参道─参道樹木調査とその保全活動の実践

樹木番号：		樹種：		天然記念物指定：	有	無
調査日　　　年　　月　　日						
A. 樹木の寸法等			*樹高は0.5m単位で、他はcmまで（mで小数点第2位）			
目通り(m)	樹高(m)	枝張り(m)　東　西　南　北			樹木間隔(m)　南　北	
B. 隣接する建物との関係			*樹木・壁面距離はcmまで（mで小数点第2位）			
建物の有無	有　　無	建物の階数		樹木～壁面間距離(m)		
建物の構造	木造　　　　1	樹木と建物の関係	壁面や窓に接するほど枝葉が張りだし	1		
	鉄筋、鉄骨造　2		屋根の上に枝葉が被さっている	2		
C. 樹木の健康状態		（樹木についてはどれかひとつに〇、その他は該当するものすべてに〇）				
樹形	1	おおむね自然でバランスのとれた樹形を保っている				
	2	大枝が偏るなど、樹形がやや歪れている				
	3	過度の剪定などにより、不自然な樹形になっている				
	4	枯損などによって樹形が完全に意壊し、奇形化している				
枝葉	1	枯損した大枝がある				
	2	枝折れや剪定の跡などが腐朽している				
	3	枯損した小枝がある				
幹	1	樹皮が損壊して芯が露出している　　→（　　　　　箇所）				
	2	腐朽により空洞ができている　　　　→（　　　　　箇所）				
	3	キノコが発生している				
	4	虫孔、虫喰いの跡、コブなどが見られる				
根	1	大きな根の切断や腐朽が見られる				
	2	腐朽により根元に空洞ができている				
	3	キノコが発生している				
	4	虫孔、虫喰いの跡、コブなどが見られる				
根元周りの状況	1	踏圧により土が固結している（指で押してもへこまない状態）				
	2	盛り土により根元が覆われてしまっている				
	3	根元の周辺にコンクリート破片などが捨てられている				
	4	根元が舗装あるいは構造物に囲まれている　→（1方向のみ、2方向以上）				
	5	根元の周辺には灌木が植えられている				
D. 活力度の判定		どれかひとつに〇				
	1	（健全：幹、根元、枝葉にほとんど被害なく、旺盛な生育状況、樹形もよい）				
	2	（いくぶん被害を受けているがめだたない、おおむね正常に生育している）				
	3	（枯れ枝、枯葉がめだち、腐朽がかなり進行しているなど、異常が明らか）				
	4	（生育状態が劣悪で回復の見込みがない、あるいはすでに枯死状態）				
E. その他の観察内容		（①特徴的な樹形、②樹木の環境、③樹木の生育状況、に分けて記述）				
<図、写真等>　*撮影枚数、説明を記入						

■**図5.2　樹木調査シート**（氷川の杜まちづくり推進協議会, 2011）

て樹高を算出した．また可能であれば，近隣に立地する建築物の外階段を上下しながら対象樹木を眺め，樹高と水平目線が同程度となる場合の高さを測定した．

A-3）枝張り：樹木の中心から枝先までの距離を，超音波距離測定器をもちいて東西南北の4方向について測定した．

B. 隣接する建物との関係

B-1）隣接する建物の有無：真横6m幅の範囲内の建物の有無を確認した．そのさい，物置や駐車場屋根程度の簡易な建物は，樹木への影響はないものとして除外した．

B-2）樹木～壁面間の距離：樹木の中心から隣接建物の壁面までの距離を超音波距離測定器により測定した．ただし，10mを超える場合は測定していない．

C. 樹木の健康状態

C-1）樹形：おおむね自然でバランスのとれた樹形から，剪定の影響による不自然な樹形，さらに

は枯損などで完全に崩壊した場合まで，4段階で評価した．

C-2）枝葉，C-3）幹，C-4）根：これらについては，枯損箇所，空洞，キノコ，虫孔の有無などについてチェックした．

C-5）根元周りの状況：氷川参道では，ツリーサークルなどによる並木の足もと周りの保護がほとんどなされていない．そのため，踏圧による地面の固結，過度な盛土，不適切な灌木の植栽といった根元周りの状況についても調査をおこなった．

D. 活力度の判定

すべての観察を総合して，4段階評価で樹木の活力を判定した．

b. 樹木調査の実施

表5.1に示すように，2002（平成14）年に開始し，2010（平成22）年までに足かけ8年，延べ11日間にわたって調査を実施した．1本あたり，記録を含めておおむね15分程度の時間を要した．なお調査にあたっては，とにかく本数を多く調査することが目的なのではなく，十分に樹木を観察しながら，班内でさまざまな感想や意見を述べ合うことが大事であることを強調した．

c. 樹木調査の結果

樹木調査の結果，以下の4点が問題として指摘されるにいたった．

1）並木の根元の踏み固めと根の傷み

公園（平成ひろば）として整備されている区間3を除き，並木敷きに人が立ち入ることができる．そのために，かなりの程度根元が踏み固められていることがわかった．とくに神社に最も近い区間4では，年末年始などに夜店が立地することもあり，ほぼ全域が固く踏み固められてしまっている．その結果，参道では透水・通気の不良が発生しており，これらが根を傷めることによって，樹木の生育に悪影響を及ぼしているおそれが確認された．

2）参道両側の建築物との距離，あるいは並木同士の距離が狭い

参道両側の建築物との距離の狭さとともに，そ

■表5.1 氷川参道周辺の都市骨格と土地利用（氷川の杜まちづくり推進協議会，2010に加筆）

調査時期	調査区間	調査本数	延べ参加人数
2002年 11月9日（土） 11月17日（日） 11月24日（日）	一の鳥居〜南大通り（図5.1区間1）	129本（東59、西70）	市民35名 市職員11名
2003年 7月12日（土） 7月13日（日）	南大通り〜下町庁舎横（図5.1区間2）	122本（東64、西58）	市民26名 市職員10名
2005年 5月22日（日） 5月28日（土）	下町庁舎横〜大宮中央通り（図5.1区間3）	117本（東60、西57）	市民62名 市職員6名
2007年 9月2日（日） 9月8日（土）	大宮中央通り〜さいたま春日部線（平成ひろば）（図5.1区間4）	116本（東60、西56）	市民28名 市職員6名
2009年 11月28日（土） 2010年 3月13日（土）	さいたま春日部線〜三の鳥居（図5.1区間5）	213本（東101、西112）	市民47名 市職員8名
合計	一の鳥居〜三の鳥居	697本（東344、西353）	市民198名 市職員41名

そも並木同士の間隔が狭いことが確認された．ケヤキは枝が横に広がるため，並木同士に十分な間隔が必要な樹種である．道路の外側方向に向かった枝張りの大きさと比べると，それよりも並木同士の間隔の方が小さい．つまり，互いに枝と樹幹がほぼぶつかり合うような距離しか離れていないことがわかった．

3）不適切な剪定による腐朽菌の進行や樹形の崩れ

不適切な剪定によって，剪定痕から腐朽菌が入ってしまっている樹木が多いことがわかった．また過度の剪定によって，本来の樹形からかけ離れた姿となっているものも少なくない．

4）新たに植えられた樹木の生育状況が悪い

参道には新しい樹木も植えられているが，それらの生育が悪い．大木の陰で日当たりの悪い位置に，日光を好む樹種が植栽されていることなどが原因として指摘されている．

5.3 樹木調査結果をふまえた並木の保全活動

これらの調査結果より，並木敷きの保護が必要であると考えた協議会では，神社および市と協働して，参道の一部区間において並木敷きへの低木植栽を進めている．市による土壌改良事業，氷川神社からの苗木および機械による掘削費用の拠出，協議会が獲得した助成金による苗木や道具の購入，そして協議会と市民有志による作業によって植栽がおこなわれた．この植栽活動は2010（平成22）年より開始され，そのエリアをひろげてきている．このように，樹木調査結果をふまえ，神社や行政と連携を取りながら，市民ができる作業を積み重ねていく活動が大宮氷川参道では進められている．

都市内における緑は貴重であり，その保全を望む市民の声は多いと思われるが，その維持管理にまで関心が向くことはほとんどない．市民が調査に参加し，一見健康そうにみえる樹木でも，仔細に観察することによって樹木の健康被害を発見するという経験を共有することは，具体的な地域づくりを進めるきっかけとして重要である．

[桑田　仁]

[文献]

桑田仁（2008）：「さいたま市氷川参道周辺まちづくりと交通」，『国際交通安全学会誌』vol.33,No2, 181-189.

中津原努（2011）：「氷川の杜まちづくり推進協議会」，『都市計画』vol.289,72-73.

氷川の杜まちづくり推進協議会（2010）：パンフレット『氷川参道のまちづくり』（2010年改訂版），さいたま市.

氷川の杜まちづくり推進協議会（2011）：パンフレット『氷川参道の樹木調査』（2011年改訂版），さいたま市.

佐原

第6章 まち並み保存と観光が一体となったまちづくり

6.1 都市形成とまち並み

　関東平野東部の銚子と霞ヶ浦の間に挟まれる一帯は，古来より香取海と周辺の水郷地帯であり，香取神宮も置かれた．徳川家康の利根川東遷によって，この地域は水害が多発するようになるが，一方で，利根川が東北から米をはじめとする大量の物資が江戸に運ばれるさいのルートになったことで，川沿いには繁栄の機会がもたらされた．本章の対象である千葉県佐原市は，こうした背景のもとで，利根川支流の小野川沿いにおける物資の集散地として栄えた在郷町である．南北方向の小野川と東西方向の香取街道が交わる十字を中心として市街地がひろがっており，いまでも基本的な都市構造はそのままである．

　舟運が鉄道に変わってからも商業町としての地位は続いた．佐原駅が1898（明治31）年に設置された頃，旅客よりも米・醤油・酒・麦・木材などの貨物輸送が中心であった．1908（明治41）年の記録によると，佐原駅は成田鉄道12駅の合計輸送量の38％を占めていた．舟運は，鉄道輸送の半分程度に縮小していた．

　こうした鉄道輸送への変化に伴い，繁栄の中心は，江戸時代に築かれたまち並みから佐原駅へと移った．デパートが3軒建ち並び，休日には周辺から多くの買い物客がやってきて賑わったという．

　しかし，道路の舗装整備が1961（昭和36）年より始まり，さらに昭和40年代以降，鉄道から自動車の時代に移ると，駅前の空洞化が進み，まちの中心が駅よりも北側の道路交通に便利な場所へと移動する．顕著にわかりやすいのは，公共施設の移転である（図6.1）．

　同時並行して，歴史的まち並みでは，歴史的環境としての調査が始まる．伝統的建造物群保存地区は1975（昭和50）年に制度化されたが，その前年より佐原では調査が開始されている．1980年代に入ると，まち並みにおける観光についての調査や，それをふまえた計画策定もためされるようになる．1990年代には「佐原地区町並み形成基本計画」(1993) や佐原市歴史的景観条例（1994年施行），町並み形成ガイドライン（1997）などが相次いで制定される．

　まち並み保存と観光が一体となって進められてきた佐原のまち並みは，地区内住民の92％という合意を伴うなかで，1996（平成8）年に伝統的建造物群保存地区の指定，重要伝統的建造物群保存地区（以下，重伝建）の選定を受けることになる．一点の時代のみに価値をおくのではなく，江戸時代後期から昭和半ばまでの間，すなわち現在建物が残っているものを対象に，繁栄していた時代を緩やかに想定した修理をおこなっている．とくに「町並み資料集成」という，古写真を集めた資料集を発刊し，重伝建としてどのような風景を重視しているのかを明らかにして，行政と地域住民らの意識の共有を促している．また，新たに修理した木材に古色塗りはせずに，時を経ておのず

6.2 まちづくりにおける記憶調査の意義

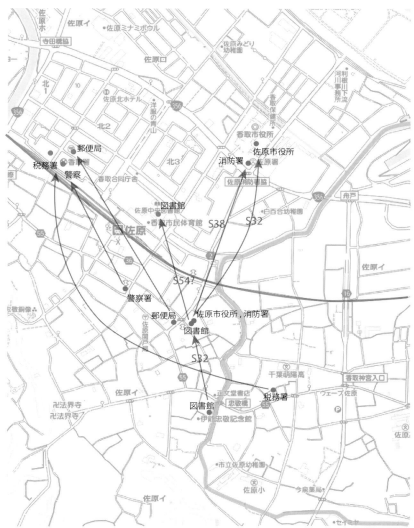

■図6.1 公共施設の立地の変化
公共施設の移転の様子は，多くの地域住民が認識はしているものの，地図に情報を落とし込むことによって明確な理解の共有へとつながる．

と周辺に調和していくことを重んじている．

2000年代以降は，中心市街地活性化基本計画が策定され，それにもとづく「道の駅」事業などが実現している．

2011年東日本大震災においては，前述のように水郷地帯で地盤が悪いところも多く，重伝建地区内では被災建築物応急危険度判定において116件が危険，246件が要注意という被害を受けた．県指定の歴史的建造物と，重伝建における伝統的建造物とでは，修理の順番や補助額などに相違があったため，若干，混乱もみられた．千葉県建築士会が中心となっている「町屋研究会」は，町家の耐震研究をおこなっていたために，即座に被災度判定や修理などで活躍したという．また，上水道が止まっている期間は，造り酒屋が使っていた井戸を開放したので，多くの地域住民がその恩恵にあずかったという．

6.2 まちづくりにおける記憶調査の意義

筆者らは十年近く佐原にかかわってきており，まち並みの立面調査や修理した歴史的建造物の活用実験，まちなかの中心性を回復するための町家

29

活用提案，まちなかの回遊性向上のための地図作成やイベント実施などをおこなってきた．東日本大震災後は，復興の過程を記録し，まちなかでその成果を展示した（東京大学都市持続再生研究センターより助成を受けて，東京大学佐原プロジェクトチーム（2012）『震災後の底力と町並み再生の原動力：佐原復興の歩み』としてとりまとめ，刊行した．

こうした経緯をふまえて，2012年度前半におこなった調査と成果について，本章では述べたい．

調査のテーマは，佐原の昭和の記憶と暮らしを明らかにすることであった．なぜ記憶や記憶によって明らかになる昭和の暮らしが大事なのだろうか．

これまでもさまざまな調査のなかで多くの地域住民に話を伺ってきた．そうした話は，いつも生き生きとした佐原での暮らしの話になった．「昔は小野川に入って遊んでいるなんて，しょっちゅうだった．利根川まで遠征して泳いで向こう岸でスイカを盗んで帰ってくるの．そのときに死んじゃう友達もいたよ」とか「敷地の真ん中あたりにお勝手口があって，そこの中庭に井戸があるの．ほら，いまもあるでしょ．でも蓋をしちゃってもう随分経つよ．あんまりいい井戸じゃなかったし，浅かったから」とか「この通りは昔はお店も一杯並んでいたよ．料亭もあったし芸者さんもいた」といった話を伺った．いまとなっては，いくらその場所をみても思い描くことが困難な，昔の風景を思い起こさせることもあった．しかしそのような話ができるのは，昭和30年代以前の記憶をもっている高齢者ばかりで，この先ずっと語りつぐことができるような状況ではない．高齢者の記憶を記録する調査が急がれる理由の一つはここにある．実際に，ヒアリングをした"方"が，この半年の間に亡くなっている．

昭和30年代というのは，佐原でいえば，小野川が生活のなかでしっかりと使われ，路上空間での商売にも活気があり，昭和初期までの繁栄が思い浮かべられていた時代である．現在は，まちなかの主要産業が観光となり，地域住民の生活によ

るにぎわいというよりは，観光客がそぞろ歩きすることによるにぎわいが生まれている．同じにぎわいであっても，この両者には違いがあり，後者のにぎわいだけでは，まちが生きているとはいえないのではないか．であるならば，前者のにぎわいとは何だったのかを把握しなければならない．そのうえで，まちなかには，地域住民の生活によるにぎわいを取り戻す必要があると考えている．また，生活によるにぎわいがあるまちなかは，結果的に観光地としても魅力的になる．筆者らはそれを「生きた観光」ととらえている．また，重伝建によって丁寧に修理された町家が並んでいても，そうした街路景観だけを観るのは平板で浅い観光になってしまう．表の顔であるまち並みを成立させていた路地や一本裏の横丁があることを知り，それぞれの店舗やまちかどの来歴や由緒を知ることによって，地域社会を成立させてきた仕組みを理解することができる．こうしたこれまでは歴史的環境として重視されてこなかったものや目にはみえないものまでも対象にした観光を「深みのある観光」としてとらえる．筆者らの活動目的は，こうした「生きた観光」や「深みのある観光」とは具体的に何であり，それをどうやったら実践できるのかを提案するところにある．さらに，生活のにぎわいや地域社会を支えたメカニズムの理解は次の時代のまちづくりを構想する原点にもなる．本章ではむしろ，そうした提案の土台となる記憶そのものを整理することにしたい．

6.3 記憶調査の方法と結果

記憶は，その人の認識である．事実との同一性は担保されていないし，また事実である必要もない．その人の認識において印象に強かったことが話され，弱かったことは消えていく．そのような強弱が重要である．例えば，小野川で魚を釣ったことが非常に楽しかったならば，そのことは記憶となるだろう．

ヒアリングをする人が十分にリラックスしている状態のなかで，調査者であるわれわれは事実を

6.3 記憶調査の方法と結果

■図6.2 聞書き地図
別の資料によって事実だと判明した内容には，グレーの網掛けをかけてあるが，重要なことは事実か否かではなく，記憶がどのように分布しているかということだ．

伺いたいのではなく，被調査者となる相手の記憶に価値をがあり，それを伺いたい，という調査の主旨をきちんと伝えることが重要である．多くの人が，自分の記憶は事実とは違っているかもしれないし，価値がないと思い込みがちだからだ．

よって，筆記用具以外に本来は何もなくても記憶調査は可能である．しかし当時の地図や古写真は，記憶を蘇らせるのに大いに役立つ．今回も，住宅地図（1970年代から現在に至るまでの間の四時点を図面化した）や河川整備の記録などによって詳細な変遷過程を地図や年表に示したうえで，話を聞いた．また，修理した土蔵を借用して，記憶調査の成果を展示したところ，その成果物をみた地域住民の方から，新たなヒアリングができた．できたというよりは，成果物をみて話したいという気持ちが誘発された人が多かったとい

える．

記憶調査の結果は，3通りの成果としてまとめた．

一つめが「聞書き地図」（図6.2）である．これはおもに佐原の商店街を中心にしたにぎわいに関する記憶をまとめたものだ．記憶が語られた場所に，その記憶を書き込むことで，まちなかのどのあたりに多くの記憶が残っているのかを，一目で把握することができる．また，多くの人の記憶に残っている建物に色を塗ったり，古写真を掲載するなどした．「聞書き地図」によって香取街道と佐原駅の間が，昭和30年代から40年代にかけて，にぎわいの中心として機能していたことがよくわかる．

つぎに，10年単位で店舗の業態や業種を把握し，商店街の変容過程をあらわした地図や写真な

31

● 第6章　佐原—まち並み保存と観光が一体となったまちづくり

■図6.3　戦後の小野川
「戦後の小野川」ではゼンリン住宅地図1971（昭和46）年を使用することで，固有名詞が有効に利用された．

どである．ヒアリングしたことがすぐにわかるように，人形に吹き出しをつけて，ヒアリング内容を明示した．ヒアリング内容と連動する事実については，市史などより人口，飲食店の比較，店舗の立地などを併記した．10年単位は細かいと感じるかもしれないが，人の記憶にとっては10年も粗い，資料的限界から10年としているが，可能であれば，より詳細な把握をした方が好ましいであろう．

三つめは，小野川の変遷を，図とコメントであらわした図である（図6.3）．戦前の小野川について記憶をもつ人はきわめて少ない．しかし戦後しか知らなくても戦前の名残が当時あったという記憶をもつ人は少なくない．また，たとえば舟運や遊覧船などの記述は，市史などにおいてはすでに戦前に衰微しはじめていたとされており，戦後の状況についてはみられない．繁栄した状態を過ぎれば，あえて廃れたあとの状況を語らないということはしばしば見受けられることだろう．しかし記憶のなかでは，たとえ歴史的にみれば衰退していたとしても，銚子まで修学旅行に行ったのは船だったことは重要である．このような記憶は，銚子まで船で向かう可能性がいまだにあるかもしれないことを想起させる．「利根川の向こう側は，ずぶずぶな川を埋め立ててつくった『シマ』だった」という記憶からは，東日本大震災によって佐原駅以北に大規模な液状化がみられたことも理解しやすい．小野川の水質悪化という現象に対しては，その理由が一つに収斂せずに，さまざまな人がさまざまな理由を考えていることがわかった．住宅が増えたから，農薬を使うようになったから，工場ができたから，生活様式が変わったから，水量が減ったから，といった多様な回答が返ってきた．

になっていることが指摘できる．舟運利用が低下し，生活とは切り離されたことから，地域住民が関心をもたなくなっている．いまでも釣りをする少年はいるし，特有の藻を保護する活動もあるし，年に一度の大掃除もあるが，以前のように澄んだ水だった時代よりも水質が悪化したことの原因すら正確に把握できている人は非常に少ないようだ．また，利根川東遷事業は近世初頭の壮大な構想であったが，浅間山の噴火などもあり，河床が上昇し，佐原を含む下流一帯の治水が万全という状況にはなっていない．こうした状況をふまえて，小野川の置かれている状況を調査し，もう一度生活における重要な場として機能する可能性をさぐることが重要だろう．

また，商店街については，店舗の業態や業種が観光に偏りつつあり，記憶のなかの楽しくてにぎやかな路上は消失しているようだ．知り合いに出会って立ち話をしたり，豪華な流行の品物を買い物できたのも，歴史的まち並みとなっている商店街であった．そう考えると，生活の拠点をまちなかに再創造することが重要だ．伝統的な町家を改築して，地域住民が気軽に立ち寄れる場所を創出する．そこに観光客も立ち寄れるようなプログラムを用意しておけば，地域住民と話ができる場所として，観光客にとっては魅力的になる．逆に地域住民にとっても普段は会えない地域外の人と話ができる機会を得られる．こうした地域住民と観光客の併存は，建物のプログラムによってコントロールすることができよう．たとえば，そのような場所では，地域住民の記憶をヒアリングして，アーカイブ化しておくことも重要だ．それがひいては，まちに対する地域住民の誇りやアイデンティティとなるであろう．

［窪田亜矢］

6.4 調査結果の活用

最後に，こうした結果をどのように提案に活かしていくのか，考察を加えたい．

まず，小野川については，存在感が非常に希薄

幕張ベイタウン

第7章 都市空間を計画し実現する アーバンデザイン

7.1 アーバンデザインから まちを読み解く

　まちの魅力は多くのひとびとがかかわりさまざまな要素が集まって長い時間をかけて醸成される．一方，その物的な受け皿となる都市空間はかぎられた資源と期間のなかで形づくられる．ここではアーバンデザインをこうした生活と建設の差異をつなぐ行為ととらえ，その内容とプロセスを通してまちを読み解いてみたい．千葉県幕張ベイタウン（以下，ベイタウン）を事例に取り上げる．ベイタウンは東京都心から25 km，千葉市東京湾岸埋め立て地552 haに建設された幕張新都心の住宅地区（84 ha，計画人口2.6万人，計画戸数8900）をいう．1995（平成7）年から入居が始まり，1999（平成11）年にはグッドデザイン賞を受賞した．埋め立て地の新都市開発だからといって例外視すると多くを見失うだろう．筆者はベイタウンのアーバンデザインを主導した曽根幸一，大村虔一，河合良樹のもとでその実務に携わった．都市空間の構成（マスタープラン）と建築型式（沿道囲み型住宅），街並形成の作法（ガイドライン）とその監理（デザインマネジメント）といった一連のアーバンデザインの手法をたどりながら都市空間の成り立ちを追体験する．

7.2 脱団地型のマスタープラン

　いまみるベイタウンの出発点は1989（平成元）年幕張新都心住宅地基本計画（以下，住宅地基本計画）で起案し，1991（平成3）年幕張新都心住宅地事業計画（以下，住宅地事業計画）で決まったマスタープランである．「郊外団地から新都心住宅地へ」という空間像をかかげ，南面平行配置のスーパーブロックではなく，矩形の街区に沿って建物が連続する一般的な市街地形態を計画した．

a. 沿道囲み型住宅と格子状道路

　ベイタウンの最大の特徴は，道路沿いに住棟が正面し，街区の内側に中庭を抱く沿道囲み型住宅を面的に実現したことにある．沿道囲み型住宅は自律的な住環境，接地階の商業活動，まち並みの統一といった利点があるが，日照や通風，道路や隣棟との見合いが危惧され，わが国では普及してこなかった．ベイタウンでは住宅街区全33街区のうち，中央の22街区を中層（6階程度）の標準的な沿道囲み型住宅にあてている．高層（14〜20階程度）と超高層（30階程度）は，外寄りの街区に配置して日影など環境影響を外周道路に吸収する一方，中層街区に面する側に中層住棟を置くか，中層の高さで住棟を分節している．超高層・高層街区の収容戸数が中層街区の約2倍に及ぶにもかかわらず，中層のまち並みが卓越してみえるのはこのためである．

　道路は幅員16〜18 mの格子状，超高層・高層街区および小中学校および公園緑地以外は90〜100 m間隔であり，中層街区の標準は75 m四方の面積約5600 m²である．道路境界からの壁面後

7.3 ガイドラインによるまち並みの作法

■図7.1　幕張ベイタウンの住宅基準階
（住宅販売パンフレットほかを参照し，筆者が2006（平成18）年時点で簡略化して作成）

■図7.2　幕張ベイタウンの住宅地上階
（住宅販売パンフレットほかを参照し，筆者が2006（平成18）年時点で簡略化して作成）

退は2m，住棟の奥行き約15m，中庭は40m四方となる．街区の軸が真北から23度傾くことが住戸の受照に有利にはたらき，2階でも入隅以外は両面合算3時間以上の日照を得る試算だった．

b. 試設計

通常の都市開発事業のマスタープランが土地利用計画にとどまるのに対し，ベイタウンのそれが建築型式にまで及んだのには，住宅地基本計画と同事業計画の間，すなわちマスタープランの策定途中に住宅・都市整備公団（当時．以下，公団）がおこなった試設計が奏功した．公団は早くからベイタウンの住宅事業へ参加を希望しており，住宅地基本計画が推す沿道囲み型住宅の検証をのちにベイタウンの住宅設計に携わる第一線の建築家に委託した．その業務名を「幕張新都心住宅地区の事業特性からみた模擬まちづくり実験」といった．超高層2，高層1，中層9の計12街区に縮尺1/500で試設計をおこない，成果を住宅地事業計画の策定チームに提供した．

c. 十字型まち並みと帯状空地

沿道囲み型住宅の陰で目立たないが，ベイタウンのマスタープランにおける土地利用計画は巧み

である．中層街区全22街区のうち19街区が中央で十字に交わる骨格的な道路2本に面して並ぶ．四辺とも中層街区に対面する中層街区は2街区だけ，ほかの20街区は少なくとも一辺がコミュニティベルトとよばれる公園緑地と校庭からなる3本の帯状空地に面する．コミュニティベルトは中層街区群と超高層・高層街区の緩衝もかねる．このようにベイタウンの沿道囲み型住宅は基本的な居住性能を街区単位で担保したうえで，一定の通り沿いにまち並みを集中し，その反対側で空地に向けて開放する．メリハリの効いた土地利用計画にのっとっている．新都心とよびながら郊外立地の住宅需要にも応える一因がここにうかがえる．

7.3　ガイドラインによるまち並みの作法

マスタープランにおける沿道囲み型住宅の規定を補完するため，1991年に幕張新都心住宅地都市デザインガイドライン（以下，ガイドライン）が定められた．当時一般的なガイドラインが最低限の基準や外観のルールであったのに対し，ベイタウンのそれは，沿道囲み型住宅とそのまち並みをいかにつくるかを示した設計手引書であった．ガ

35

イドラインの策定作業はマスタープラン（住宅地事業計画）の中核メンバーが引き継ぎ，並行して代表的な三つの中層街区に関して「幕張新都心住宅地モデル設計計画」として縮尺1/200の基本設計レベルの試設計をおこない，成果をガイドラインに反映した．これだけ慎重を期したのは住戸性能とまち並み形成を高水準で両立しようとしたためである．ガイドラインの項目はボリューム，外観，地上階の三つに分けることができる．

a. 抜けを見込む囲み型

ボリュームについては，マスタープランが規定したロの字の囲み型に対し，ガイドラインは住棟の分断を12 mまで許容している．この数値は6階までの高さの3分の2ほどで路上からは目立たない程度である．入隅や地上階など住戸に不適な部分にスリットやピロティを空けることによって日照と通風をもたらし，中庭や空への見通しを促し，まち並みが単調になるのも防いでいる．

ガイドラインは道路沿いの壁面後退を2 m後退に相当する面積の空地と規定している．設計者の裁量を残した効果は大きい．交差点の隅切り，店舗，玄関ポーチなど要所が道路境界いっぱいに張り出してまち並みを豊かにしている．このようにガイドラインは沿道囲み型住宅を原則としたうえで一定範囲のアドリブを受容している．

b. 三層構成と居室の向き

住棟の外観についてガイドラインは基壇，中間，頂部の三層構成を求めている．基壇部の1階は店舗や集合玄関など開放的な施設に使われ，住戸を置く場合はプライバシー保護のため床を約1 m上げた閉鎖的な構えである．頂部は屋根や最上階住戸で自由な形態である．このように三層構成は古典様式の踏襲ではなく，住棟内の立地に応じた形態意匠の特徴づけと解釈できる．

北辺の住棟は中庭側から受照し，外廊下を道路に向ける傾向がある．ガイドラインでは外観が単調になるのを避けるよう外廊下の連続を禁じている．実際に階段の分散配置やスキップアクセスなど動線の工夫で外廊下を節約し，結果的に外気に

■図7.3　沿道囲み型住宅の鳥瞰（筆者撮影）

直接面する住戸が増えている．外観の規定は決めつけのようにみえるが，生活の様相をまちに表出し，それによりかえって居住性能も向上する作法と解釈できる．

c. 駐車場と中庭と接地型住戸

沿道囲み型住宅の構成要素で住戸以外の最大の課題は駐車場である．各戸1台は延床面積の1/5に相当する．ガイドラインは地下駐車場を推奨したが，埋め立て地で高水位のため強制はしなかった．住棟下や立体化を工夫したものの，道路側への露出を避けた分，中庭と地上階の環境が犠牲になった．地下駐車場として地上階に住戸を一定数以上設けた街区が22の中層街区のうち14あり，前面道路からのプライバシー保護に特段の配慮を要する．住戸数の確保や自家用車への依存といった郊外住宅地の与件と，沿道囲み型住宅という市街地型建築の離齬が地上階にみえかくれする．

7.4　集団的な手続きによるデザインマネジメント

都市や地区の個性を顕在化しようとするアーバンデザインが，ルールだけでは不十分であるのはいうまでもない．ルールの意図が実現するよう導くデザインマネジメントが重要になってくる．ベイタウンのマスタープランとガイドラインがいかに実際の建築に反映され，意図したまち並みがど

のように実現したかみていこう.

a. 公共による段階的担保と民間の競争的協働

ベイタウンの開発主体は千葉県である. 基幹的な基盤整備の後, プロポーザルコンペによって民間6社を選び, 公社と公団を加えた計8社が住宅事業に参加した. コンペの要件にはマスタープランとガイドラインの遵守とともに, 後述のアーバンデザイナーや設計審査など, 千葉県が主導して段階的に住宅事業を進める仕組みを盛り込んだ. 街区の割り振りは住宅街区全33街区を2〜6街区ずつの13工区に分け, 同一工区で同一事業者が複数街区を担当せず, 同一事業者の担当街区が隣り合わないように事業者を配置した. 住宅供給の時期と量を平準化するとともに, 事業者間に競争や調整を生じさせてデザインの質を高める意図があった. ベイタウンは事業構造上は官民が基盤と上物を分担しているが, 公共主体が住宅事業に継続的に関与し, 複数の住宅事業者が混じる, 官民が持続して密に絡む体制を計画的に組んでいる.

b. アーバンデザイナーの登用

千葉県の住宅事業への関与を代理執行したのは, 計画設計調整者といわれるアーバンデザイナーである. 住宅事業者が決まると, 千葉県はアーバンデザインに造詣の深い建築家・都市計画家7名を計画設計調整者に任命し, それぞれに住宅事業者を割り振った. 計画設計調整者は, 担当の住宅事業者とその設計者を指導して計画デザイン会議とよばれる設計審査会に建築計画をはかる民間の設計業務と, 担当以外の住宅事業の建築計画について計画デザイン会議で審議する公共の監理業務の両方を務めた. 住宅建設の許可には計画デザイン会議の承認が必要だったから, 計画設計調整者の権限はとても大きかった. この計画設計調整者と, 住宅団地や大学キャンパスにおけるマスターアーキテクトとの違いは, 後者が単独事業者のもとで設計者間を調整するのに対し, 前者は複数混合するなかで公共的立場から設計者はもとより事業者とも調整する点にあった.

7.5 ベイタウンはモデルになりえるか?

最後にベイタウンの汎用性を定量的に検証してみる. ベイタウンの標準的な中層街区は住戸数120戸を収容し, 共用部を含む床面積を100 m^2/戸と想定すると延床面積12000 m^{2}となる. これを道路間隔95 mの2乗で除した133%が中層街区のセミグロス容積率である. 一方, ベイタウン全体の計画住戸数は8900戸であり, 同じく床面積100 m^2/戸と想定すると, 890000 m^2（=89 ha）となる. 2001（平成13）年時点の土地利用計画によると, 小中学校等公益施設8.13 ha, 公園緑地11.87 ha, 両者に道路面積を按分すると4.19 haとなり, 計24.19 haである. これをベイタウンの全体面積84 haから差し引いた約60 haで全住宅面積89 haを除した148 %がベイタウン全体のセミグロス容積率である. 中層街区のセミグロス容積率133 %と, ベイタウン全体のそれ148 %の差は約1割である. これは, かりに超高層・高層街区が中層街区と同様に整形な街区と道路を備えれば, 中層の沿道囲み型住宅だけで現状に近い住戸数を収容できる可能性を示唆している. 中層の沿道囲み型住宅は特殊な建築形式ではなく, 都市基盤と一体で計画する条件が整えば, まち並みや住環境の定性的特長に加えて定量的な競争力ももつといってよかろう.

[前田英寿]

[文献]

平良敬一編（1997）：特集 幕張ベイタウン 都市デザインへの挑戦, 『造景』vol.97-2,No.7, 建築資料研究所.

千葉県企業庁（1989）：『幕張新都心住宅地基本計画』, 千葉県.

千葉県企業庁（1990）：『幕張新都心住宅地事業計画』, 千葉県.

千葉県企業庁（1991）：『幕張新都心住宅地都市デザインガイドライン』, 千葉県.

前田英寿（2006）：沿道囲み型住宅の面的展開による都市空間形成―住宅地開発事業における設計指針の策定と運用―, 『日本建築学会計画系論文集』, No.606.

前田英寿（2006）：都市建築の実現に向けた設計調整の実践―幕張ベイタウンの事例―, 『日本建築学会計画系論文集』,No.606.

前田英寿（2006）：基盤建築の連携化に向けた都市空間計画の策定と実現―千葉県幕張ベイタウンのマスタープランと都市空間形成について―, 『日本都市計画学会一般研究論文』, No.41-2.

浅草

第8章 地域の資源を地域の人たちと いっしょに掘り起こす

8.1 浅草地域でのまちづくり支援活動の経緯

a. 江戸開府400年と東京スカイツリー

　本章で紹介するのは，2007（平成19）年から 2010（平成22）年にかけて実施した台東区浅草でのまちづくり支援活動である．ただし，浅草といっても，雷門，仲見世，浅草寺といった国内外からの観光客でにぎわうあの浅草ではない．いつも人であふれている浅草寺の裏手，言問通りを越えて北側にひろがる，住所でいえば台東区浅草三丁目から七丁目にあたる地域でのまちづくりである．のちにこのときのまちの方々と私たちとの議論から生まれた提案に基づいて「奥浅草」とよばれるようになったこの地域の中心は「観音裏」もしくは「象潟」とよばれる，花街として栄えた界隈である．現在でも東京浅草組合の見番は健在である．料亭の数は少なくなったが，いまでも数軒は営業していて，さらに小料理屋や赤提灯の飲食店が地域一帯に散らばっている．北西には，吉原遊郭の名残をとどめる歓楽街があり，浅草からこの歓楽街に向かうかつての浅草田圃のあぜ道が，現在の千束通り商店街であり，このエリアでは唯一の商店街らしい商店街である．しかし，それ以外の地域の大部分は，小さな店舗が点在する住商混在エリアとなっている．東端の聖天町一帯は皮革関連の問屋，西端の光月町には木材問屋の集積がみられる．

　この地域で新たに商店会組織として「観音うら一葉桜振興会」が設立されたのは2006（平成18）年8月であった．いわゆる商店街を形成する小売り店の集まりではなく，面的に点在する商店や卸業の集まりである．設立の契機は，2003（平成15）年の江戸開府400年，そして2012（平成24）年の東京スカイツリーの開業（2006（平成18）年3月の建設場所の決定）であった．江戸開府400年にあたって，地元からかつての吉原遊郭を象徴するパレードである花魁道中を現代に復活させたいという提案が出された．行政の支援上，花魁道中を吉原の名残で風俗店が集中している地域で実施するのはむずかしいということで，少し離れた小松橋通りで開催することになった．また，このイベント開催準備と並行して，やはり江戸開府400年に合わせて，この復活した花魁道中の舞台ともなる小松橋通りの街路樹を，それまでの柳から，人を惹きつける桜に植え替えたいという要望も出された．そして，地域住民で日頃の手入れを受けもつという条件のもと，柳から「一葉桜」への植え替えが始まった（なお，この地域のすぐ隣の下谷竜泉寺町には樋口一葉の旧居があり，このまちでの経験から生まれたのが『たけくらべ』である）．さらに，イベント開催と街路樹整備を始めてすぐに，新東京タワー（現在の東京スカイツリー）が隅田川を挟んだ浅草の対岸に建設されることが決まった．とくにこの観音裏を中心とする地域は，浅草の裏手であるが，浅草のなかではスカイツリーからは最も近い位置にあり，スカイツリーがもたらす地域活性化効果が期待された．

8.1　浅草地域でのまちづくり支援活動の経緯

■図8.1　観音うらまちあるきマップ（東京大学都市デザイン研究室作成，2008年）

　そうした状況を受けて，地域のにぎわいづくりに関心のある商店主たちが中心となり，とくに行政とのパートナーシップを構築するために，観音うら一葉桜振興会を設立したのである．

b. 浅草観音うら活性化デザイン化委員会

　観音うら一葉桜振興会は，今後，どのような方向性でまちづくり活動を展開していけばいいのか，振興会メンバーの商店主たちのみならず，近隣の町会長たちも交えて勉強会を開催したいということで，台東区からの助成金を得て，振興会内に「浅草観音うら活性化デザイン化委員会」を組織した．筆者は，以前から浅草でまちづくり支援活動を展開していた関係で，この委員会の企画・運営を依頼された．大学院生たちに声をかけ，まちづくり支援活動が始まった．

　浅草観音うら活性化デザイン化委員会は，2007（平成19），2008（平成20）年の2年間にわたり，合計15回の会合・ワークショップを重ねた．1年間は勉強会に徹したが，2年めの2008年度には，地域の伝統行事である5・6月の「植木市」と，

■図8.2　『観音うらまちづくりブック』

新規企画である12月のイルミネーションイベント「冬の一葉桜まつり」において，まちづくり実験と称して，展示ブースやまちあるきマップの配布（図8.1），来街者調査，さらには仮設まち案内所の設置などの実験的活動もおこなった．2年間の活動記録は，2冊の『観音うらまちづくりブック』（図8.2）にまとめた．さらに，観音うら一葉桜振興会の姉妹団体として，浅草観音うら

39

●第8章　浅草―地域の資源を地域の人たちといっしょに掘り起こす

活性化デザイン化委員会に参加していた近隣の町会長たちが中心となって，各町会単位で新たに「国際通り一葉桜振興会」，「千束入谷一葉桜振興会」，「浅草聖天一葉桜振興会」が設立され，各地域の振興会の支援活動も展開することになった．

本章では，こうして地域全体にひろがっていくことになった数年間にわたる奥浅草での活動のうち，とくに初動期のワークショップや調査内容について，報告するものである．

8.2　資源を可視化するアイデアカードを出発点としたワークショップ

a. まちづくりアイデアカード

浅草観音うら活性化デザイン化委員会からの依頼内容は，おおまかにいうと，観音裏地区の実態を把握すること，地元のまちづくりへの関心を高めること，地元と大学との意見交換にもとづいてまちづくりの提案をおこなうこと，であった．このうち，最初に実施すべきは観音裏地区の実態把握であるが，とりわけ地域の活性化と関係があるのは，このまちにどのような「まちづくりの資源」があるのかを明らかにすることであった．まず，大学院生たちはこの地域の形成史や文化の把握，人口統計や地域コミュニティの構成，生活施設の立地などにもとづく生活の場としての実態把握，用途分析や事業所統計などにもとづく産業・商業の場としての実態把握，関連諸計画の把握をおこなったうえで，地域の資源を探しにまちに出ていった．

「まちづくりの資源」を探そうという最初の段階で，地域の人たちに集まってもらって「資源と思うものは何ですか」と尋ねるという方法も考えられたが，そうすると，「資源」の概念がどうしても既存の観光資源である古い寺社などに限定されてしまいがちなこと，一方で地域の人たちにとっては，自分のまちはあまりにもあたりまえの存在でありすぎて，「資源」といわれてもぱっと浮かばず，活発な議論にはならないことが危惧された．そこで，今回は「まちづくりアイデアカード」（図8.3）にもとづくワークショップによっ

■図8.3　まちづくりアイデアカードの例

て，まちづくりの資源について議論し，発掘していくことにした．

「まちづくりアイデアカード」は，まちづくりの資源と思われるものを，その活かし方の提案とセットで簡単な1枚のカードにしたものである．提案とセットになっていることで，「なぜ，それがまちづくり資源と考えられるのか」が理解しやすくなっている．ワークショップにあたっては，フィールドワークや文献調査をもとに42枚の「まちづくりアイデアカード」を作成した．取り上げた資源は，見番，七福神，銭湯，料亭，木材，焼き物などである．この段階では，質よりも量である．数を多く用意することは，まちにたくさんの資源が眠っている可能性があることを端的に理解してもらうための効果的な方法である．また提案は地理的な偏りがでないように，地域全体で万遍なくさまざまな資源を取り上げた．これらのアイデアは，事前に一度，全体像をプレゼンテーションしたうえで，1回1時間半ほどの計2回のワークショップで議論を進めていった．ワー

8.2 資源を可視化するアイデアカードを出発点としたワークショップ

クショップの目的は，合意形成やアイデアの洗練ではなく，自分たちのまちの資源の再発見を促すことと同時に，地元の人たちが普段，まちについてどのようなことを考えているのかを知ることであった．

第1回ワークショップでは動線，回遊と関係のある21のアイデアについて，第2回では滞在，産業，歴史と関係のある25のアイデアについて，10名程度ずつの二つのテーブルに分かれて議論した．議論の手順は，まず「どの提案に関心があるのか」を投票してもらい，投票数の多かった順に議論することとした．そのうえで，各アイデアについての意見を，付箋紙を使いながら，順番に述べていく方式とした（図8.4）．

■図8.4 ワークショップの様子

b. 通りの名づけワークショップ

2回のワークショップにおいて，とくに皆の関心を引いたのは「通りの名づけ」というアイデアであった．この提案は，観音裏の通りに「名称」をつけるというシンプルなものであるが，じつはこの地域ならではの都市構造と深くかかわっていた．奥浅草一帯の街路網は，関東大震災後の帝都復興区画整理事業により造成されたものであり，基本的に碁盤目状の構成となっている．先に説明した千束通りと，それに平行する見番のある柳通り，浅草富士浅間神社の古くからの参道であった富士通り，さらに横串のようにそれらを貫く，一葉桜が植樹された一葉桜小松橋通りなどいくつかのすでに名前の知られた通りはあるものの，それ以外の通りは，どの街路もほぼ同じ幅員で，沿道のお店も偏りがあまりなく散在している．したがって，この界隈を歩いていると，一瞬自分がどこにいるのかよくわからなくなるほど，それぞれのまちかどやまち並みは，一見すると似ているのである．学生たちのフィールドワークによれば，均質な碁盤目状の街路網がもたらすこの「わかりにくさ」は，場所性の欠如にもつながり，まちの魅力を損なわせているのではないかということであった．しかし，一方で，この界隈は非常に歴史の古いまちであるから，おそらくいまではあまり使われていないが，それぞれ伝統のある通り名が

じつはあるのではないか，とくに地域の人たちは生活の道として，さまざまな通り名を使っているのではないか，と予想された．単に「わかりにくい」から新たな名前をつけましょうではなく，表には出ていないようなローカルな地名もまちづくりの資源であること，また，新たに名づけようとする行為自体が，その通り周辺の地域資源の再発見につながることを期待して提案されたのが，この「通りの名づけ」であった．

ワークショップでは，①既存の通り名あるいはかつてあった通り名を書き出す，②新たな場所に通り名を提案する（新たな名前は思いつかないが，通り名が欲しい場所をあげるだけでもよい）という2段階で進めた．また，新しい通り名を提案するさいには，名づけが必要な理由に加えて名づけに期待することを「その後のビジョン」として話してもらった．

通りに面する稲荷の名前や縁日の名前，あるいはその通り付近にかつて住んでいた人物の名前などが，通り名というかたちであがった．浅草三業会館前（見番）を通る街路には「花街通り」が提案された．また，猿若通りと馬道通りとの間に「羊通り」をという一見突拍子もないアイデアも，既存の通り名に動物の名前が含まれているという気づきにもとづくもので，資源の再発見であった．また，資源だけでなく，よく説明を求められるが通り名がなくて困っている通りも発見できたのである．

[中島直人]

神楽坂

第9章 まち並みに再生される 「花街建築」のパーツ

9.1 界隈の成り立ち

新宿区神楽坂は，東京が江戸だった時代に，外濠の牛込門をくぐって城外に出たところに栄えた善國寺毘沙門天の門前町であり，神田川の舟運の河岸町でもあった．町場の庶民の力強い熱気やにぎわいに満ちたところであったろう．また，明治の半ばに甲武鉄道の牛込停車場ができると，一帯はますますにぎわうようになった．早稲田大学の創立も背景にして，文化人とよばれる人たちが神楽坂に集まってくる．

スペイン風邪で亡くなった島村抱月の後を追って，不倫の関係にあった新劇女優の松井須磨子が自殺をした事件は，大正期の自由な空気の象徴でもあった．神楽坂を下りきった外濠では後藤新平が関係する東京水上倶楽部がボート場を設置している．江戸時代まで防御の装置であった外濠が，市民の憩いの場として再生したのである．

関東大震災による火災は神田川で焼け止まったので，神楽坂は全面的な被災を免れた．ほかの多くの繁華街が焼失したこともあり，東京のにぎわいが東から神楽坂に移ってきた．しかし，第二次世界大戦の空襲の戦災ではほぼ焼失した．その復興過程においては，大きな道路整備などはあまりおこなわれず，街路網は，地形とともに継承された．むしろ計画的な市街化というよりは，一部，木造密集地区も含む再建が進んだ．

そのような都市形成の結果，神楽坂界隈の路地は，花街ならではの入り組んだものとなっており，近代的な都市計画ではない．こうした路地網は，今，多くの都市型観光客をひきつけている．都市部に位置して，交通の利便性も非常に高く，魅力的な商店街もあるという神楽坂は，開発圧力が非常に高い．とくにバブル経済期には，社宅などが立地していた規模のまとまった敷地は，分譲の中高層マンションへと変わっていった．そのなかには地元住民の反対運動を巻き起こした超高層マンションも含まれている．2000年代に入った後も，集合住宅化の流れは続いている．

このような神楽坂において，特徴としてまずあげられるのは，神楽坂という地名がさまざまに使われていることである．神楽坂は，住まいとしても店舗の立地としても，ブランドとして価値をもっている．そこで本章でも混乱をさけるために，神楽坂1〜6丁目を「神楽坂」，周辺の揚場町，津久戸町，筑土八幡町，白銀町，赤城元町，矢来町，横寺町，箪笥町，岩戸町，若宮町，袋町，北町，細工町を含む一帯を「神楽坂エリア」とよぶ．さらに，花街があった神楽坂3，4，5丁目を「神楽坂花街」とする（図9.1）．

低層建築物が多く（神楽坂内の建築物全734棟のうち，最多は2階建て355棟であり，3階建て以下の建築物が538棟73.2％を占める），また，住宅と店舗と事務所が混在しており，商店街には地域住民の生活感が色濃い．これらの建築物はほとんど戦後の建物であり，建替えの速度も速く，テナントの入れ替わりも早い．

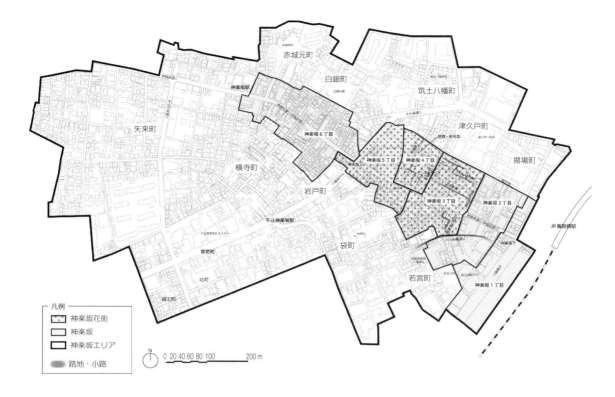

■図 9.1 神楽坂の範囲
神楽坂の範囲地名は人によって対象とする範囲が異なることがある．とくに，経済的価値をもつ地名は，多少離れたマンションでも建物名として利用されることがあるので，明示した方がよい．

9.2 変容する建築要素の把握の意義

　大都市での新陳代謝はめまぐるしい．しかし，神楽坂では，地域住民らによるまちづくりのキーワードが「粋」であるように，伝統的な何かを継承しているという感覚がある．それは内部の住民らだけではなく，外からやってくる都市型観光客にも共有されている．「伝統的な何か」とは何であろうか．

　変容を経て，なお継承されるものを把握するためには，多くのデータが必要になる．東京大学都市デザイン研究室神楽坂チームでは，徹底的にデータを集めることにこだわって，その成果を『神楽坂の断片～「らしさ」を紐解く50のデータ』（2012年）という報告書にまとめた．「住宅街」と「商店街」，神楽坂通りや路地を含む「街路」と低層の店舗や建物からマンションまでを含む「建物」という2軸を設定して，四つの象限における項目を調査した．内容はその目次を参照されたい（表9.1）．

　本章では全体に触れることはできないが，神楽坂の花街に焦点を絞って，変容したものの調査について述べたい．神楽坂の花街は，江戸時代の寺内の茶店に端を発していて，いまでも料亭や検番がある．しかし既述のようにバブル期の前後に，大きな料亭の多くは大規模マンションへと変わった．また，最盛期の関東大震災直後には，待ち合い茶屋が300軒となり，東京最高の繁栄ぶりとなったこともあった．現在，こうした茶屋そのものはなくなったが，茶屋をはじめとする花街建築のパーツが，周辺のまち並みに再生されている．そのような再生のあり方が，文化財概念の本質を為す「真正性（authenticity）」をもつのかどうか

●第9章　神楽坂─まち並みに再生される「花街建築」のパーツ

■表9.1　データブック『神楽坂の断片』の目次
住/商，街路/建物という2軸を設定して，調査項目の要素を整理した.

神楽坂の範囲「らしさ」の断片相関図：「神楽坂の断片」の見方各章の概要

1.　神楽坂，まちの建物
　01　神楽坂通り沿いの変遷
　02　集合住宅の変遷　1970－1990
　03　集合住宅の変遷　1995－2002
　04　集合住宅の変遷　2004－2008
　05　建築物の階数
　06　建築物の間口
　07　建築物のセットバック
　08　歴史的建造物の位置
　09　登録有形文化財
　10　花街関連建築物の分布
　11　花街建築のいま
　12　黒塀風のデザイン
　13　格子戸の材質と位置
　14　格子窓の材質と位置
　15　格子状のデザイン
　16　奥行きのある入口
　17　旧町丁名

2.　神楽坂の街路
　18　奥性の見方（路地と神楽坂通り）

19　奥性の見方（路地と江戸の街路）
20　奥性の見方（路地を評価する）
21　街路の幅員
22　街路の路面仕上げ
23　街路の際
24　自動販売機の位置
25　電信柱の位置
26　街灯の位置と種類
27　観光案内板と掲示板
28　立て看板の設置箇所
29　路地にあふれ出した緑
30　坂道と階段
31　街路樹の位置と種類
32　緑被分布図
33　航空写真
34　神楽坂の古写真

3.　神楽坂の商業地
35　商店の変遷
36　神楽坂通り沿い1階の用途
37　和食のお値段

38　フレンチのお値段
39　洋食のお値段
40　不動産屋

4.　住まいとしての神楽坂
41　公開ワークショップ
42　町会・自治会
43　地価公示
44　住宅の建て方別世帯数
45　住宅の所有形態
46　子どもの遊び場
47　行政サービス施設（建物）
48　病院分布
49　交通の利便性
50　避難場所

5.　データを組み合わせ、考える

あとがき　プロジェクトメンバーに
　　　とっての神楽坂

には疑念もある．花街建築でもないのに花街建築のパーツを使うことにどういう意味があるのか．花街建築の様式をもつが，異なる機能をもつ新築物件について考えてみよう．社会の要請に呼応して機能が変化するのはかまわなかったとしても，花街建築の伝統的な立地とは異なる場所に立地したならどう評価すべきだろうか．後述するように，花街建築は，表の顔である神楽坂通り沿いにはなかった．しかし近年の神楽坂通りは，観光化を背景にして，花街建築のパーツを使った建築物も散見される．場所の意味を重んじない建築物は，はたして本物といえるのかどうか.

　ただし，本章は，そのような考察をおこなうことが目的ではないので，花街建築がなくなっていったプロセスを調査し，それらが形を変えて継承されている現状を把握するための調査のあり方について記したい.

9.3　変容する建築要素の調査方法と結果

　神楽坂のような界隈を調査するにあたっては，単体の建築物だけを対象とするのでは不十分である．とくに，神楽坂における路地のような，界隈固有の特徴になっている物理的要素については，全体像を把握する必要がある．そのような調査にあたって，とくに過去の経緯を図面化するときに大いに役立つのが古地図である．古地図を根拠とすると，街路網が変化した時期をピンポイントで特定することはできないが，大きな流れをつかむことはできる．新板江戸外絵図（1672），東京実測図（1887），東京市牛込区全図（1895）などの古地図を重ね合わせながら変容を地図に落とせば，当該地域の背骨を為す神楽坂通りだけではなく，一歩裏に入った路地網があるからこそ，奥行きが生じたことがわかる（図9.2）．また，街路網の大枠はほとんど変わらないままであるが，路地網を詳細に追っていくと変化があることがわか

44

9.3 変容する建築要素の調査方法と結果

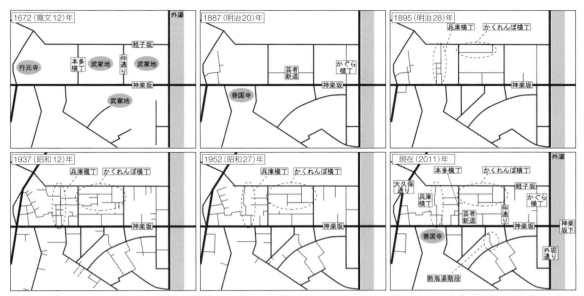

■図9.2　江戸期から現代までの神楽坂界隈の街路網の変遷：江戸，明治，大正，戦争前後，バブル前後，現在（2011）

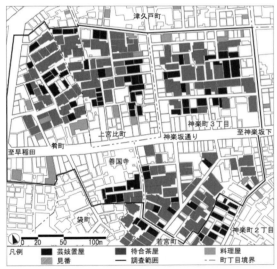

■図9.3　戦前の神楽坂花街（1937年）

■図9.4　戦後の神楽坂花街（1952年）

る．たとえば，兵庫横丁は花街が盛んだった時代に分割が進んだものであるが，昭和20年代後半になると，枝葉の路地がなくなり，路地網と一口にいっても大きく変化していることがわかる．かくれんぼ横丁も同じ時期に，突っ込み道路が解消されて，通り抜けができるようになったことは，路地網での行動パターンや沿道建物利用にも大きな変化をもたらしたであろう．

神楽坂花街については，個別の建物の利用や建替えも含めて詳細を把握したい．そのときに役立つのが，火災保険特殊地図である．戦前と戦後に調査が実施された火災保険特殊地図は，東京市35区（当時）を対象に調査されたもので，火災保険の掛け金の算出根拠となった．そこでは堅牢

45

●第9章　神楽坂—まち並みに再生される「花街建築」のパーツ

■図9.5　戦前の芸者新道の様子（左）（東陽堂，1904）と現在（右）
見越の松など，まち並みの作法が実践され，現在にも継承されていることがわかる．

な防火建造物か否かが重要な情報であった．もちろん建築物の形状，位置，規模も把握することができる．さらに，住まい手の名前だけではなくて，店舗の内容までがわかるように書き込まれた手描きの地図であり，作成時の貴重な情報である．牛込区のものは戦前は1937（昭和12）年，戦後は1952（昭和27）年に発行されている（図9.3，図9.4）．これらの火災保険特殊地図から，料理屋・待合茶屋・芸妓置屋（以上，戦前）や料亭・芸妓置屋（以上，戦後）の分布がわかる．戦前は神楽坂通りでの花街建築はまったくない．これらの時代ごとの地図は，当時のまちを知るうえで非常に重要で基本的な資料になる．

花街建築は，神楽坂通りから一歩奥まったところにのみ建っており，待合茶屋が大量にひしめき合っている．また，芸妓置屋は集まって建っている．それが戦後になると立地に大きな変化はないが，料理屋がかなり減り，代わって置屋が増えている．花街建築の数は，若干減っているが，それでも全建築物の約半数（全354棟のうち145棟）を占める．

さらに花街建築の残存状況を現時点で確認すると，戦後の花街建築の約1割程度しか残っていない．料亭が6棟，芸者置屋が13棟にすぎない．しかしいまでも存在感は大きい．その理由は芸者や

■図9.6　格子と黒塀の現状分布
黒塀風の外壁が神楽坂通りの鉄筋コンクリート造の建物にも適用されている．花街建築が残存している場合は，周辺の建築物でも花街建築のパーツが活用されやすい．

料亭という物珍しさだけではなく，花街建築の要素が，機能としては関係のない建物にも応用されているからではないか．そういった仮説のもとに，三次元的な風景の調査をおこなった．当時の風景を描いた絵や写真などが貴重な資料となる（図9.5）．その結果，とくに，木製の庇，窓につ

いている欄干，格子，装飾として使われる丸太材，建物と路地の間にある小さな庭や鉢植えなどの緩衝帯，黒塀という六つの要素が，花街建築には顕著に認められることがわかった．そしてこれらの要素が現状では，神楽坂通り沿いの新築物件にまで使われている（図9.6）．

9.4 調査結果の活用

　日々めまぐるしく変化する大都市の繁華街において，変化した方がよい要素と変化しない方がよい要素は何であろうか．

　神楽坂には，夏目漱石が通っていた洋食屋が毘沙門天の隣にあったが，建物ごとなくなった．夏目漱石が使っていた原稿用紙を置いてある文房具屋はまだ存在している．これらの老舗の洋食屋や文房具屋は，神楽坂に文人が住んでいたことの証だといえる．神楽坂通りに位置する履物屋は，和装の芸妓がいるからこそであり，広い範囲から，この履物屋をめざして買い物客がやってくる．漆屋の食器やおもたせのせんべい屋など，神楽坂を愛する誰もが，こうした老舗があることに価値を見出している．しかし，それらが商売として成立し続けることを担保するわけではない．また，老舗の店構えが，多くの人が感じている神楽坂「らしさ」に貢献しているとはかぎらない（念のためにつけ加えておくと，例にあげた老舗がそうだといっているのではもちろんない）．しばしば指摘されるように全国にひろがるチェーン店の進出も目覚ましく，これらは神楽坂ならではの店舗ではない．しかもその多くは，町内会に加入せずに，日々の商店街のマネジメントという膨大な仕事に関与せず，フリーライダーとして存在している．最近の神楽坂では「和風」の定食屋や雑貨屋などが増えているようだ．こうした状況をどのようにとらえればよいのだろうか．店舗利用のあり方は，景観や物理的な環境のまちづくりだけでなく，地域における商業の仕組みそのものから議論しなければならない問題といえるだろう．

　また，建物の問題もある．神楽坂通りの新築物件に，神楽坂から連想される和風をイメージして，黒塀や格子のデザインが付与されていることは多い．そのような狭義の意味での建築ファサードのデザインを，どのように評価すべきであろうか．和風とは何かという非常にむずかしい論点をはらんでいる．ガラス面が非常に多くて，スチール材などで軽く見せる現代建築も多いが，それらよりも高く評価できるのだろうか．神楽坂通りには花街建築が歴史的に存在しなかったからといって，これからもない方がよいのだろうか．

　神楽坂は文化財である．保護法にもとづく文化財ではなく，ひとびとが日々感じている文化の源である．その状態を継承するためには，ひとびとが感じている文化とは何か，またそれはどうやって創出されているのか，その文化を享受しているひとびとで話し合い，その継承のために実践活動をしていかなければならないだろう．幸いなことに，神楽坂にはまちづくりを実践する組織がいくつも存在する．神楽坂とその周辺で，19の町会や自治会がある．商店街組合もそれぞれの通りで活動している．さらに，NPO法人やまちづくり会社は，地域の古老に話を伺う会や普段困っているまちづくりの問題などを題材にしたまちづくりサロンを開催したり，地域のまちづくりルールを共有するワークショップを開催したり，積極的にまちづくりにかかわっている．こうした地域のプラットフォームで意義のある議論を展開するためには，変化している状況と変化の要因を客観的に共有し，そのうえでそれぞれの主観による議論をおこなうことが重要である．

[窪田亜矢・中島　伸・松井大輔]

[文献]

東京大学神楽坂チーム2012（2012）：『神楽坂の断片〜「らしさ」を紐解く50のデータ』

東陽堂（1904）：『新撰東京名所図会－牛込区の部・上－』，13

松井大輔・窪田亜矢（2012）：「神楽坂花街における町並み景観の変容と計画的課題」，『日本建築学会計画系論文集』No.77.

第10章

中野区

密集市街地でデザインを考える意義

密集市街地は，いままでいわゆる「負の遺産」といわれ，都市のなかでも問題地区として扱われてきている．大きな地震が相次いで発生している近年，そうした問題地区をより安全な地区にしていこうという動きも急速に進んでいる．

しかし，「負の遺産」とまでいわれていても，その地区にはその地区らしさ，固有のよさがあり，そのよさを評価して住み続けているひとびとも少なくない．そのよさとは都心周辺部に位置する利便性の高さ，また密集市街地であるがゆえの家賃など住居費の安さで語られることが多いが，そのまちの雰囲気やそれを醸し出す建築物などのデザインにも注目するべきではないだろうか．

本章では，密集市街地に，これまでほとんど論じられることがなかったデザイン的な要素をもち込み，その将来像やそれを誘導するためのガイドラインを構築していくための調査のプロセスを紹介していく．

10.1 密集市街地の特性

密集市街地の特性を，筆者は講義でよく四字熟語を羅列して説明する．すなわち，物的（空間的）側面からみると「道路狭隘」「敷地狭小」「建物老朽」という特徴があり，非物的側面からみると「人口高齢」「権利複雑」というように表現できる．

いずれのキーワードも否定的な語ととらえられるであろうが，すべてがそうであるとはかぎらな

い．敷地が狭く，道路が入り組んでいることで，その地区に関係のない通過交通が入り込むことが少なく，安全な歩行空間を実現することができるし，また密集していて物理的な距離が近いことで，ご近所づきあいが濃密になるなど，メリットとしてとらえることもできる．密集市街地の事例としてよく紹介される神戸市真野地区では，日頃からのご近所づきあいやまちづくり活動があったことで，阪神・淡路大震災ではバケツリレーで初期消火に成功して被害を最小限に食い止め，避難生活や復興に向けた動きも比較的うまくいったと聞く．

そうした負を正に変えていく逆転の発想に，さらにデザイン的思考を上乗せすることで，密集市街地の価値を高めることができる潜在力があると考える．

10.2 調査の進め方

ここからは，東京都中野区本町2，3丁目を対象として，筆者の研究室が実施した，デザインを中心的視点に据えた調査について紹介していく．以下を読めばおわかりのとおり，デザインを中心的視点に据えていたとしても，やるべき調査はデザインにのみ限定されるわけではない．その背景にあるさまざまな事項を調査し，分析・評価していくという意味では，他地区での調査と同様である．

a. 対象地区を位置づける

第一段階として，区内の多くの地区が密集市街地であるとされる中野区が，区部全体でどのような位置づけにあるのか，そしてさらに町丁目別データをみることで，中野区のなかで本町2，3丁目がどのような位置づけにあるのか，二段階のスケールのデータを分析することにより，当該地区の特徴をあぶり出す．ここでもちいたデータは，区全体のデータとして，宅地利用比率・建物用地利用比率・建蔽率・平均階数・不燃化率・棟数密度，4 m以上道路に接していない住宅の割合など，町丁目別データとして，不燃化率・主要建物用途・中高層化率，地域危険度などをもちいる．区全体を把握するために，上記のような物的な数値指標に加えて，区民意識調査の結果なども適宜活用する．

これらを分析することにより，中野区全体が住宅（とくに共同住宅が多い）に特化した都市であり，建物棟数密度が高く，不燃化率が低いことがわかる．また，対象地区とした本町2，3丁目は，中野区のなかで特に密集していたり，不燃化が遅れたりしている地区というわけではない．むしろさまざまな要素が混在しており，密集市街地の平均的市街地像を示していると考えられる．

対象地区は，新宿区，渋谷区との区界にも近いため，区界を超えた隣接区のデータも使って分析する必要がある．東京のように市街地が連担しているエリアを対象とするさいには，行政界の内側だけに閉じて調査・分析するのではなく，連担した市街地として行政界を越えた隣接エリアも含めて調査・分析することを心がけたい．

b. 地区全体を把握する

対象地区の位置づけをおおまかに把握したら，第二段階として，対象地区内部を細かくみていく．一般的な地域調査で必ず調査する事項は網羅的に実施するのが基本だが，調査の目的や広域からみた当該地区の特徴を考慮して，この地区のデザインを考え，提案していくうえで重要となる項目を検討し，調査項目に含めていく（**表10.1**）．また，調査結果を図示した一つの例として，図

■**表10.1** 地区全体で調査した項目

地形・自然条件・立地条件
地形（高低差）と眺望 みどりの分布 公共交通施設（鉄道駅）への距離
道路・交通
道路幅員 行き止まり路と狭隘道路 通り空間類型 地区への入口 交通規制 歩行者環境（歩道等の設置の有無） 駐車場の分布
建物・施設
建物階数 住宅の分布（共同住宅・戸建住宅） 住宅の分布（低層住宅・高層住宅） ミニ開発の分布 公共的施設（学校・幼稚園・保育園・図書館・児童館・ 　公園・寺社）の分布 商業・業務用途とサービス用途の分布
コミュニティ
小学校の通学区域 町会の区分

10.1に住宅の分布（共同住宅・戸建住宅）を示す．こうした図を何枚も作成し，それぞれ単独であるいは適宜重ね合わせて，地区内部の細かな分析から特徴を抽出・把握していく．

c. テーマに合わせて詳しく調べる

第三段階として，調査の目的やテーマに合わせて，さらに詳細な調査を進める．密集市街地では前述のように敷地も小さく，道路も狭く，また公共空間は貧弱であり，しかも新たに生み出すことはむずかしい．そこで，第一に，敷地と道路との関係性をうまく誘導することで，第二に，地区内にたくさんある共同住宅（おもに2階建てアパート）のデザインを少しだけ工夫することで，密集市街地に固有のよりよいまちの風景を生み出すことができると考えて，そのために必要な詳細調査を実施する．

敷地と道路との関係性に関しては，道と道とのつながり（辻道・十字路・丁字路・橋），建物の入口面と前面道路との関係，駐車スペースの敷地

●第10章　中野区—密集市街地でデザインを考える意義

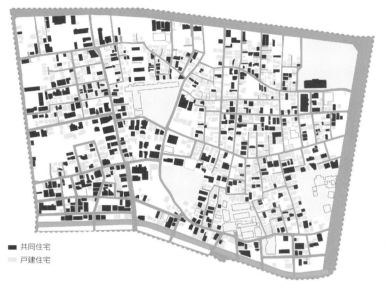

■図10.1　調査結果を図示した例（住宅の分布（共同住宅・戸建住宅））（高野，2009）

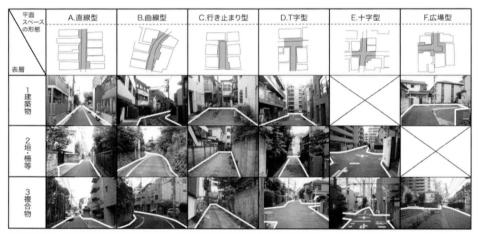

■図10.2　詳細な調査結果を図示した例（通り空間の状態の類型化）（高野・野澤・小田，2011）

内での位置と前面道路との関係，屋根形態，垣・さくなどについて調査をおこなう．共同住宅のデザインについては，共同住宅の敷地と道路との関係（接道のしかた，間口・奥行き），外階段と道路との関係，外階段のあるおもに建物側面のデザイン，接道側のファサードのデザイン，バルコニーのデザイン，道路から壁面までの後退距離，交差点と敷地との位置関係などについて詳細な調査をおこなう．

こうした詳細な調査をおこなうさいには，調査項目を絞るだけではなく，前項で把握した地区全体のなかから典型的な1～数街区の空間を抽出し，そこを調査範囲（調査エリア）として集中的に調査し（図10.2），分析・考察していく．ある程度絞った範囲での調査・分析・考察の結果が，対象地区全体や，場合によってはほかの類似地区へも応用することができるとさらによい．

10.3　将来像を描きデザインを誘導する

こうした調査・分析・考察を経て，地区の将来

50

10.3　将来像を描きデザインを誘導する

■図10.3　誘導していく将来像をパースでわかりやすく示す(高野, 2009)

本調査は，密集市街地にデザイン的な視点をもち込み，デザインを誘導することで地区の価値を高めていくことを目的として実施したものである．理想的には，これを地区住民や行政の議論の場にもち込み，さまざまな意見を出し合って，よりよいもの，より実現可能なものとしてブラッシュアップし，実際に使っていくべきものである．しかし，この事例ではそこまで踏み込むことができていない．すなわち，研究・提案レベルで終わっていて，現場に還元し，実現するところまではいっていないことをお断りしておく．

[野澤　康]

[文献]

高野哲矢・野澤康(2009)：既成住宅地における良好な住環境形成に資するデザインガイドのあり方に関する研究－中野区本町2,3丁目を対象として－．日本都市計画学会都市計画論文集，vol.44-3.

小田洋介(2011)：『道に感覚を創り出すための外部空間デザインに関する研究－既成住宅市街地における集合住宅の誘導手法－』，工学院大学2010年度修士論文．

高野哲矢(2009)：『既成住宅地における良好な住環境形成に資するデザインガイドのあり方に関する研究－中野区本町2,3丁目を対象として－』，工学院大学2008年度修士論文．

像を描く．ワークショップや展示などさまざまな機会を設けて，専門家ではない市民に理解されやすい表現（図10.3，図10.4）でのプレゼンテーションを心がけて相互理解をはかり，議論を深めていく．そうした手法の詳細については，入門編といえる前著『まちの見方・調べ方』などに詳しい．将来像がある程度共有できたら，その将来像を誘導していくためのデザインガイドラインなどを構築していくが，詳細は文献を参照してほしい．

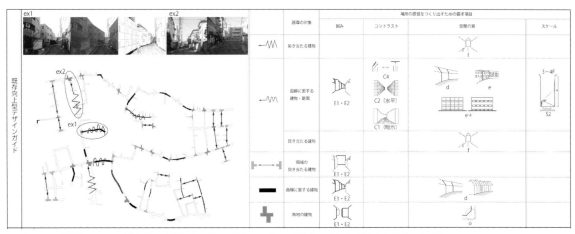

■図10.4　誘導していく将来像をデザインガイドラインとしてわかりやすく示す(小田, 2011)

第11章 杉並区
「杉並たてもの応援団」による歴史ある建築物の悉皆調査

11.1 杉並区に残る近代建築

　東京西部に位置する杉並は，明治に入っても近郊の農村地帯であった．1889（明治22）年に甲武鉄道（現JR中央線）が地域を横断するように開通するなどの鉄道網の発達に加え，関東大震災の発生によって，都心部からの人口流出の受け皿となった．その結果，大正末期から急激に人口が増加し，住宅地としての開発が進んだ．とくにサラリーマンや教員，軍人といった階層が新たに居を構えるようになったが，そのさいに，洋館，あるいは洋館付き和風住宅が多く建てられ，杉並の住宅地を特徴づけることとなった（図11.1）．一方，駅近傍の商店街や旧街道沿いでは，出桁建築や看板建築といった店舗併用住宅も同時代に建設された．

■図11.1　洋館付き和風住宅の特徴（杉並たてもの応援団，2017）
左上：パルメット　右上：ハーフティンバー
左下：フランス瓦　右下：ドイツ壁

11.2 杉並たてもの応援団とは

　以上のような特徴をもつ杉並であるが，戦後の高度成長に伴う都市開発，地価高騰，あるいは代替わりによる相続の発生といった事情により，多くの近代建築が取り壊されていった（この事態はいまでも続いている）．このような状況のなかで，近代建築に関心をもっていた，区内在住の建築専門家3名によって，1999（平成11）年に「杉並たてもの応援団」が立ち上げられた．発足後は建築関係者のみならず多様なメンバーが参加し，下記のような取り組みを継続的におこなってきた．

　○歴史的建物の調査・記録
　・近代建築やまち並みの現存調査・実測調査
　・記録保存・調査報告書作成
　○サポート活動
　・登録文化財申請の相談・協力
　・その他維持・保全に関する協力
　○優れた建物やまち並みのPR
　・写真展の開催
　・建物ウォッチングの開催

・講演会の開催

2017（平成29）年現在では10名程度のコアメンバーで活動している．

11.3 杉並区内に残る近代建築の調査について

杉並たてもの応援団が取り組む活動のうち，とくに本章では，地域づくりのための調査実践という観点から，区内に残る近代建築の調査について取り上げることとする．

a. 既存の建物調査リストの確認

最初に，既存の建物調査リストの存在を確認することが必要である．しかしながら，近年，とくにプライバシー保護の機運が高まった結果，こういったリスト（たとえば自治体による調査など）はほとんど公開されていないのが実情である．

1）日本近代建築総覧

そのようななかでも建築史的な観点からは，日本建築学会編『新版　日本近代建築総覧（以下「総覧」）』（1983）をまずは参照するのがよいだろう．地域による調査密度や精度のばらつき，重要な建築物の抜け落ちなどの欠点があるが，基礎資料として現在でもなお重要である．1998（平成10）年から2000（平成12）年にかけて，追補が日本建築学会の学会誌『建築雑誌』に掲載されたので，これらについても確認するとよい．なお，これらのデータは，日本建築学会歴史的建築データベース小委員会による「歴史的建築総目録データベース」（https://glohb-aij.eng.hokudai.ac.jp/）として，未承認ならびに非開示のデータを除いて公開されている．

2）登録有形文化財（建造物）

また，登録有形文化財（建造物）については，文化庁による「国指定文化財等データベース」あるいは「文化遺産オンライン」で検索することができる．

3）その他の文化財

その他，国・都道府県・市区町村といった行政が指定，あるいは表彰している文化財，建造物の種類についても，あらかじめ確認しておくとよい．

b. 調査資料の準備

1）建物調査番号の割り当て方針の決定

建物に対する調査番号の割り当て方針にも気をつけたい．杉並たてもの応援団の調査では，以下のような方針で調査番号（町名コード・調査コード・建物番号）を割り振った．

・町名コード：36町にそれぞれ番号を与えた．
・調査コード：当該建物についておこなわれた過去の調査（総覧掲載を含む），あるいは行政による指定や表彰など，調査や指定・表彰を示すコード．調査活動を進めるにつれ，過去に建物調査がなされていたことがわかるといったことも起こりうるため，調査コードは設けておいた方がよい．
・建物番号：1町内で通し番号を与えることとした．

2）調査票の作成

調査票はA3サイズとし，左側には写真・地図・住所などの基本的情報を，右側には建物の特徴に関する目視調査による外観特徴，その他建物の総合的な印象評価などを自由に記述するフォーマットとした．目視調査にあたっては，過去に歴史的建築物の悉皆調査にかかわった経験をもつメンバーが表11.1のような項目を選定した．

3）地図の準備

大縮尺の地図を用意する．調査対象範囲が複数の地図シートにまたがる場合には，それらをつなげて1枚にして，調査範囲の境界をマーカーで強調しておくと便利である．また，これまで調査がなされた建物については，あらかじめ地図上で着色し建物調査番号を書き込むなどして，明示しておくとよい．

4）調査班の編成と役割分担

調査班は，複数のメンバーで構成する．一人は地図をみながら調査のために歩くルートを選択し，通ったルートをマーカーで地図に書き込む，あるいは野帳に調査結果を書き込むなどの書記をおこなう．ほかのメンバーは写真の撮影などをおこなう．建物の特徴の読み取りや評価は，複数名で話し合いながらおこなうのがよい．

■表11.1 建物悉皆調査チェック項目

(1) 基本的情報

調査日	調査者	建物番号	総覧No.
建物名称(新・旧)		所在地	連絡先
建物用途(新・旧)		構造	規模	設計者
施行者	施主	竣工	保存状況(新・旧)

(2) 目視による外観特徴の判断

様式

洋風	和風	看板	出桁	洋館付き和風

屋根素材

日本瓦	鉄/トタン	セメント瓦	フランス瓦
スパニッシュ瓦	コロニアル	その他	

屋根形状

切妻	寄棟	入母屋	その他

壁

漆喰	土壁	鉄板貼り	波トタン	押縁下見
下見板張	モルタル吹付	その他		

増改築

屋根を鉄板等に改修	外壁を鉄板等に改修
開口部をアルミサッシに改修	ベランダを改修

(3) 印象(A/B/C)などの自由記述
(4) 外観写真

■図11.2 地図への書き込み例

5) 調査項目の目視による判断のしかた

調査項目のなかで，とくに屋根の葺き方や壁面の仕上げの判断については，調査に先立ち，実際の建物をみながら建築の専門家のレクチャーを受けることが望ましい．洋風・洋館付き和風住宅における屋根や窓，壁面の仕上げなど外観の特徴の見分け方については，『杉並たてもの応援団が選ぶまちかどの名建築』(2017) なども参考になる．

c. 建物調査の実施

1) 地図への書き込み

調査地域の境界や調査をおこなったルートはマーカーで着色し，文字の書き込みや建物への印づけは4色ボールペンを使うとよい．建物については，現存/一部改修あり/大規模改修の結果，当初の雰囲気がほとんど残っていない/現存せず，というように，保存状況に対応させて地図上の建物の外形線に色をつける．また，増築などにより，実際の建物形状が地図上の建物形状と異なる場合には，実際の建物形状を地図に書き込む．その他気づいた内容も地図に書き込んでおく (図11.2).

2) 写真の撮影

建物写真の撮影に先立ち，割り当てた建物調査番号を野帳の写真添付スペースなどに大きく書き込み，その番号をまず撮影しておく．こうすることで，撮影した画像を後に整理するさいに，混乱・ミスを防止することができる．なお，建物写真の撮影については，所有者のプライバシーに十分配慮することが必要である．

3) 建物調査の実施

野帳に示された項目に従って，建物外観の調査をおこなう．判断に迷うさいは，なるべく多く写真を撮影しておき，後にほかのメンバーと議論することとする．また全体の印象など，絶対的な基準が存在するわけではない評価項目については，後に調査結果を利用するさい，たとえば所有者に詳しくヒアリングをおこなうためによい建物をピックアップしたい，といった場合に活用できるので，主観的であれ，評価しておいた方がよいだろう．

d. 調査結果の整理

1) 野帳の整理

野帳の整理は建物調査と同じくらい重要であ

る．調査後，できるだけすぐに野帳を見直し，記入もれがないか確認する．とくに調査日時と調査者の記入もれに注意してほしい．

2）写真の整理

撮影した写真（デジタルカメラを前提とする）についても，できるだけすぐにパソコンに取り込み，調査対象建物の野帳と画像の対応を確認しておく．調査時にはさまざまな所有者のカメラが使われることが多いため，なるべく当日にデータをパソコンに取り込んでおかないと，後に画像データの所在がわからなくなってしまう場合もある．画像データの確認と整理ができたら，代表的な建物画像を選定した後にプリントアウトし，野帳に貼りつけておく（図11.3）．

3）調査データのデジタル化

ここでのデジタル化には二つの意味がある．一つは，野帳そのもののスキャンデータを作成することである．もう一つは，データベースソフトや表計算ソフトに，調査データを入力することである．データベースソフトを用いて入力や閲覧フォームを適切に設計すれば，入力作業の効率化，またデータの閲覧にさいして，あたかも束ねた野帳のページをめくるような感覚での閲覧といったことが可能となる．一方で，データベースソフトを扱うには，コンピュータに関するある程度の経験と知識が必要となることから，入力およびその後の運用についても，それができる人材がかぎられてしまうことが多い．また，調査結果を分析するさいには，ほとんどの場合，表計算ソフトにデータをエキスポートしておこなうことになる．よって，まずは多くのメンバーが使用経験のある表計算ソフトに調査データを入力するのがよいだろう．近年の表計算ソフトでは，セル内に画像データやPDFデータ，あるいはウェブページへのリンクを埋め込むことができるなど高機能化しており，工夫しだいでデータベースとしても十分に運用できる．

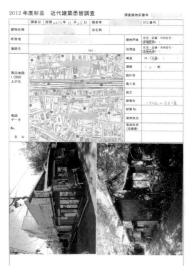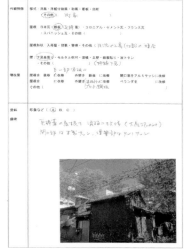

■図11.3　整理した野帳の例

11.4　調査結果の分析と活用

野帳にもとづくデータの入力が完了した後，調査結果を分析する．歴史ある建造物の残存状況の把握，また，過去におこなわれた調査データが存在すれば，それの比較も有意義である．これらの調査結果は，行政への保存の働きかけといったアクションをおこなうさいにはたいへん重要となる．また調査結果を活用して，地域のまち歩きを企画することもできる．さらには，価値ある建物の居住者へのヒアリングや，居住者同士の交流会など，調査結果を活かしたさまざまな展開への取り組みも可能となる．悉皆調査は非常に労力のかかる作業であるが，それだけに，その調査結果は貴重なものとなる．　　　　　　　　［桑田　仁］

［文献］

杉並たてもの応援団：http://suginamitatemono.sakura.ne.jp/
杉並たてもの応援団（2007）：「杉並区における近代建築の調査とデジタルデータベース化」2005年度大成建設自然・歴史環境基金助成報告書，大成建設．
寺下浩二（1992）：「杉並・まちの形成史」，寺下浩二．
杉並たてもの応援団（2017）『杉並たてもの応援団が選ぶまちかどの名建築』，杉並たてもの応援団．

京浜臨海部
第12章 工業地帯を都市としてとらえなおすための再生研究と提案

京浜臨海部は，近代化を支えた日本のエンジンともよべる地域であり，全体で4400 ha（なかでも横浜市部分は1600 ha）に及ぶ日本有数の巨大工業地帯だが，一般的な日本の工業団地のように，一時期にまとめてつくられたのではなく，100年の時間をかけてじっくり全体がつくられた工業地帯であるという点が特徴である．

近代都市計画は，おもに住宅地や中心市街地をベースに考えられており，工業地帯は，都市から切り離されて考えられてきたが，そこにはまぎれもなく人がおり，都市を支える生産活動を担っていることから，今一度，「都市」として捉えなおしてみたい．

12.1 基盤形成にみる工業都市の多層性と多様性

工業地帯がどのように形成されたのか，埋立てと基盤形成過程をひもとくことで，その位置づけを明確にすることができる．港町横浜の中心部は，幕末の開港から発展を遂げたのに対して，京浜臨海部（神奈川・鶴見）あたりは，ある意味ではそれよりも古くから発展していた．神奈川（現青木町）付近は，湊を抱えた交通の要衝として中世から栄え，1601（慶長6）年以降は，品川・川崎に続く宿場町（神奈川宿）としてにぎわった．生麦から神奈川までは，風光明媚な遠浅の砂浜を横目に東海道が走り，当時は，わが国有数の名勝地「袖ヶ浦」から大きな船や富士山も望める，景観豊かな場所であった．また，子安浜は，江戸時代は御菜八ケ浦（幕府専用の磯漁場）の一つとされる優良漁村であり，幾度かの埋立ての後に，昭和40年代に漁業権を放棄したが，いまでも漁村特有のコミュニティと密集した地域構造が残存する，個性的な場所である．

前述のとおり，京浜工業地帯が近代工業都市開発を始めてから現在の形になるまでに，100年近くの時間が経過しており，そのため，それぞれの地区・島によって開発（埋立て）主体や時期が異なるのが特徴である．とくに，第一層〜第三層とよばれるように，層状に時代によって開発が進んでいることがわかるが，これらの開発の経緯については，各社の社史や市史などをひもとくことでみえてくるものがある．

第一層は100年ほど前におこなわれた埋立てが主で形成されたエリアである．守屋此助（安田倉庫初代社長）による守屋町［1906（明治39）〜1909（明治42）年］，千坂高雅・若尾幾造（横浜倉庫初代会長および専務）による千若町［1912（明治45）〜1912（大正元）年］，出田孝行により出田町［1927（昭和2）年］など，町名に開発者の人名がついており，それぞれ工業開発をもくろむ民間事業者の手によって埋め立てられた．なかでも，最も大きな面積を占めているのが戦前の実業家，浅野總一郎による大規模工業地帯の開発で，地盤の埋立てのみならず，その上で工業に勤しむさまざまな産業・企業を興し，京浜工業地帯の発展に寄与している．

第二層は，1930年代，関東大震災後の復興発展に向けて，工業化による「大横浜市」をめざすなかで，公共（横浜市）によって埋め立てられたエリアである．恵比須町・宝町・大黒町と，七福神にちなむ名前がつけられている．横浜市による当初の埋立ておよび基盤形成計画をみてみると，当初は整然とした工業地帯形成計画と，島を十字に切る形で街路を通し，先端は共同荷揚場として設計されているなど，計画的な基盤形成の意図をみることができる．（図12.1）

第三層とよばれる大黒ふ頭・扇島・東扇島あたりは，戦後から1990年代に至るまで，大型化する流通に耐えうる巨大港湾化や産業の集約化の中で生まれているエリアであり，埋立て規模や設備のスケールが大きいものとなっている．

こうした層状の工業地帯のなかを運河が張り巡らされているが，わが国の工業地帯においては珍しいタイプである．かつては，水運を中心とした物資の運搬が盛んにおこなわれていたが，陸運（トラック）中心の現代においては，水運の使用機会は大きく減少しており，その結果，運河沿いで接岸可能な部分は減少しており，とくに古い護岸を有する奥の部分が低未利用化している．そこには，空地として残存している部分と，そこに建築物がすでに建っている部分と両方ある．

このように一口に工業地帯といっても，その多様性と多層性がみえるとともに，地域再編を考えるさいにも，この特徴を把握したうえで検討する必要がある．

12.2 工業地帯にみられる生活とレクリエーション

工業地帯と聞けば，一般的には，大きな工場と倉庫の連続，煙の噴き出る煙突，出入りのはげしいトラックなど，まさに「生産」の風景を思い浮かべるであろう．京浜工業地帯には，基本的に造船業・石油産業・自動車・金属系企業など，重厚長大型産業が立地しており，都市計画的観点からみても，京浜工業地帯の多くは，住宅や商業的土地利用のできない工業専用地域である．さらに，

港湾や臨海工業のために制限された「臨港地区」に指定されている場所が多く，ほぼ住宅などは建てられないため，夜間人口もほとんどみられない（一部，コットンハーバー開発があり，また，かつては従業員寮など，一部夜間人口もみられた）．しかし，昼間人口，つまり，ここでの就業を考えてみると，この地にも人間活動の息吹はみえてくる．たとえば，京浜臨海部（横浜市部分）には4万人の従業員が日々活動しており（「工業統計」などから算出），一部業務施設の前には，弁当屋が立ち並ぶうえに，こうした就業者のための活動を支える空間も存在している（図12.2）．さらには，現在のように，工業＝劣悪環境ととらえられる以前には，工業地帯のなかにもレクリエーションの機能が内包されていたことがわかる（後述）．

a. 工業都市ならではの都市構造と構造変化

京浜臨海部の製造業を支えてきた工業地帯といっても，その土地利用を細かにみてゆくと，少しずつその変化がわかる．工業系から工業系への企業の入れ替わりもあれば，この20年で工業系から流通系への変化は顕著にみられる（図12.3）．また，大きな土地利用の変化としてはとらえられないが，敷地の中をつぶさにみると，拠点効率化，ホワイトカラー化などの影響で微細な変化が進んでいる．都市計画の法制度的にも，工場敷地内に事務所機能を付加すること自体は問題ないが，とくに，第一層とよばれるエリア（守屋町近辺）では，その傾向が顕著である．さらに細かくみてみると，ラボ化（研究開発機能化），つまり，工場内への事務所棟研究棟の設置，倉庫のリノベーションによる，加工や事務作業も可能な流通スペースの構築など，潜在的なオフィス化・ラボ化が進んでいるのである（図12.4）．とくに，横浜市では，市の企業立地推進条例の支援を得て研究開発・業務施設を設置していることも多い．このように，一般の就業地と変わらない業務機能も位置づいているという意味で，工業地帯内で都市化が進んでいるということができる．

●第12章　京浜臨海部─工業地帯を都市としてとらえなおすための再生研究と提案

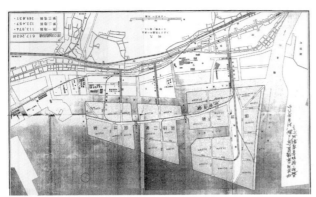

■図12.1　戦前期における横浜市による京浜臨海埋立地計画
他の図と比較しやすくするため天地を逆にした．守屋町の地名が読みとれる（『横浜市営臨海工業地帯売却案内』(1933)）

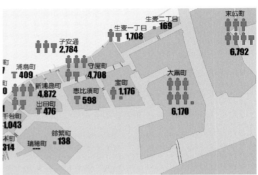

■図12.2　2003年時における京浜工業地帯（横浜市部分）の昼間人口（出典：文献1））

■図12.3　京浜臨海部における土地利用の変化や細分化がみられるエリア
工業地帯の中でも，その土地の使われ方は変化しており，工場から流通・倉庫，あるいは，研究開発などに変化している．また，同じ工場でも入れ替わりや細分化もおきている．

b. 社宅・福利厚生施設の変化

　就業者がそれなりにいるということは，そのための環境整備，福利厚生も必要となる．工業地帯形成当初は，従業員の職住近接が求められており，社員寮や福利厚生施設も多く設置されていたが，戦後から高度経済成長期には，各企業は福利厚生施設を内陸部に多く建設するようになった．バブル崩壊後，内陸部の福利厚生施設がつぎつぎと売却されるなどして合理化されたのであるが，一方，臨海部では，土地利用の制限もあることか

12.2 工業地帯にみられる生活とレクリエーション

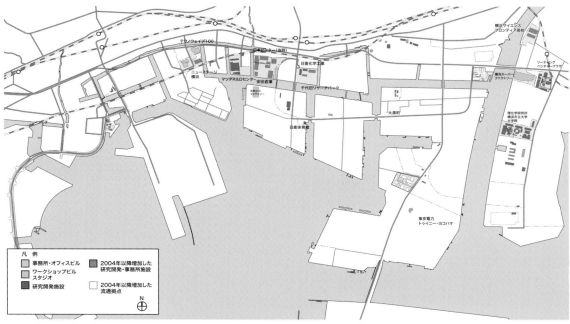

■図12.4　京浜臨海部におけるラボ化（研究開発機能の増加）の様子（2004年時点）

ら，運動場・グラウンドや体育館，企業や組合の倶楽部施設などの福利厚生施設が失われることなく分布し続けている．今後は，企業構造が変わるなかで，これらの稼働率や効率性も考えると，多様な使われ方が求められ，たとえば，官民協働による利活用の促進など，公共施設の少ない内陸部との補完関係の構築も期待される．

c. 京浜臨海部のレクリエーション

横浜市全体の臨海部をみてみると，横「浜」という名でありながらも，その大部分は工業地帯として生産施設や民間企業が所有しており，ほとんど一般市民が寄りつくことのできないことから，工業地帯は市民活動や観光という観点から一見縁遠い場所のように思われる．しかし，かつては，必ずしも工業だけではなく，レクリエーション機能も含んだ空間となっていた．たとえば，埋立てはおこなわれたものの必ずしも使われていなかった新子安の埋立地では，京急電鉄の手により子安海水浴場が設置され（図12.5），割烹や旅館も含めた歓楽エリアが形成されていた．また，戦前には，防波堤の先，現在の扇島に，埋立ての浚渫土

■図12.5　新子安海水浴場（出典：絵葉書）

砂を用いた砂州の海水浴場が用意され，そして，近くを走る鶴見臨港鉄道にも臨時駅（海水浴前駅）が設置され，船で海水浴客を輸送するという興味深い例もある．さらに，昭和初期には，安善町にもグラウンド（臨港大野球場）が整備され，その後のスポーツセンター化も検討されたといわれている．このように，レクリエーションが工業地帯のなかに共生していた時期があったのである．

● 第12章　京浜臨海部—工業地帯を都市としてとらえなおすための再生研究と提案

12.3　地域産業資産の発掘

　日本の近代工業地帯の先駆けであり，水運や鉄道をもちいた物資流通システムの歴史や，海水浴場や厚生施設などの活動空間の歴史の断片をまといながら，依然として現役の生産機能も維持し続ける京浜臨海部は，多層的な歴史を有した「生きた工業地帯」であり，一見，何の変哲もない工場群の風景にみえても，そのなかから，「地域産業資産」ともいうべき歴史的資源の存在を見つけだすことができる．たとえば，橋脚や護岸に目を向けてみると，ところどころに煉瓦造・石造の古い橋脚や護岸をみつけることができるほか，工場・倉庫建築物の中にも，その多くは戦災により失われてしまってはいるが，わずかながらに大正期から昭和初期の工場建築物が残されている．たとえば，昭和初期に建てられた，日産自動車旧事務所棟（現：横浜工場ゲストホール，内部にエンジンミュージアムがある）は，横浜市歴史的認定建造物に認定されている（その他，日本ビクター工場のファサードも歴史的認定建造物であったが，解体に合わせて解除された）．これ以外にも三井倉庫ビルをはじめとした戦前期のモダンな意匠をまとう工場建築やこれを改修して使い続けられている施設，あるいは，倉庫の鉄骨構造や機械設備などにもその歴史性が垣間みえる（図12.6）．こうした工業地帯の歴史性は，各企業内の情報として蓄積されていることも多く，必ずしも公開されていないが，目視によって歴史的蓄積のある建築物が発見できるほか，社史などの企業情報からの分析もあわせると，多くの歴史資産が眠っていることがわかる．

　また，運河や荷揚場，鉄道など，流通システムを支えるインフラも，臨海部の風景をつくりだす要素として大切である．すでに運河では水運の風景はみられなくなってきているが，鶴見臨港鉄道時代から人と荷物を運んできたJR鶴見線は健在である．とくに，かつては「臨港デパート」ともよばれ，アーチ構造の高架下が印象的な国道駅は，その佇まいがいまでも受け継がれているほ

■図12.6　日産自動車株式会社横浜工場1号館（旧本社ビル）
横浜市歴史的認定建造物に認定されており，現在はゲストホール，日産エンジンミュージアムとして活用されている．

か，新芝浦・海芝浦駅では，単に駅舎建築が魅力的なだけでなく，水とともに接してきた工業地帯の様子と魅力を味わうことができる．

　このように，京浜臨海部は，100年間に及び日本を支えてきた産業文化資産の宝庫であり，この蓄積は，「インダストリアルパーク」化への可能性も有しているといえよう（図12.7）．

12.4　新しい臨海部のあり方提案

　こうした調査からわかることは，都市から切り離されたかのようにみえる臨海部工業地帯にも，工業地帯なりの計画的視点と歴史的積層が存在していること，生産が生み出した文化的資源も多数残存していること，護岸の老朽化や安全性も含めた現代的課題や，ラボ化を含めた地域内の潜在的構造変化も起こっていること，そして，ウォーターフロントとしての可能性を有していることなど，都市再生との接点を多く有しているということである．産業構造も変化し，縮減時代を迎える現在，こうした調査によって見いだされた接点を活かした再生を考える必要がある．横浜湾全体を見渡すと，中長期的に考えて老朽化の進み始めた埠頭や産業空間の空洞化の進行が見られており，これらの産業空間の都市的利用も含めた，都心臨海部の新たな都市ビジョンとして，「インナーハー

12.4　新しい臨海部のあり方提案

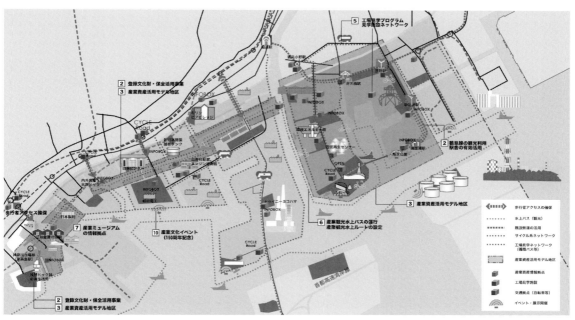

■図12.7　京浜インダストリアルパーク構想（出典：文献1））

バー構想」（「海都横浜構想2059」）が検討されている．

　その前段として行われた，京浜臨海部の将来像を学術的・実践的に検討する「京浜臨海部再生研究会」（2004〜08）では，このような京浜臨海部の詳細調査を基に，将来の京浜臨海部のあり方，都市ビジョンを提案している．ここでは，7つのシナリオ，①ラボ・シティ（都市型ものづくり産業への転換），②京浜臨海の環境開発（人間活動を支援する環境の再生），③京浜の公共ネットワーク（新しい公共空間網の挿入），④リンケージ京浜（臨海部と市街地との連携と共生），⑤京浜環境工場（環境回復から資源循環の拠点へ），⑥安全島京浜（防災性能の高いセキュリティ都市），⑦京浜インダストリアルミュージアムパーク（臨海文化の創造），を提示し，都市中心部に近接しつつも，空洞化が懸念される広大な京浜臨海部の再生案が提言されている．さらに，実践的なプロジェクト検討として，具体的なエリアスタディ，とくに，都市部に隣接する守屋町エリアについての詳細なスタディがおこなわれた．

　前述のとおり，京浜臨海部の各街区，とくに第一層部分は，工場・企業が所有しているため，その整備状況はそれぞれ異なっている．機能としても，研究開発化などの都市的機能へ更新されつつも個別的であり，これらをサポートするインフラは不十分である．また，液状化や火災などの災害に対する機能も不十分であり，これらが地域全体として一体的に機能するような，事前復興を考えるには，現状の企業の状況，法制度その他を乗り越える必要も出てくる．今後は，こうした，研究産業機能を活かしつつ，都市の安全性も向上した都市化を実現するために，護岸整備と街路ネットワーク整備をかねた再生手法をエリア全体でマネジメントしてゆくことが望まれている．

［野原　卓］

［文献］

1）東京大学21世紀COEプログラム「都市空間の持続再生学の創　出」・京浜臨海部再生研究会（2008）：『京浜臨海 ブラウンフィールドからの空間再生』（京浜臨海部再生研究会），東京大学．
2）野原卓（2009）：「日本の工業都市空間における計画概念とその実践的展開に関する研究：生産空間と生活空間の関係性に着目して」，東京大学博士論文

第13章

横浜都心部

文化芸術創造都市とまちづくり

13.1 都市デザインから創造都市へ

　横浜市は1970年代から歩行者優先のまちづくり，1980年代半ばからは歴史を活かしたまちづくりなど，それまでの自治体が取り組んできた機能優先・効率優先型の都市計画とは異なる先進的な都市デザインに取り組み，高い評価を得てきた．1990年代に入ると，みなとみらい21地区の開発が進み，新たな商業・業務の中心が姿を現していった．

　一方，それまで中心市街地であった関内地区においては，空きオフィスが増加し，2002（平成14）年には空室率が約14％に達するなど，新しい都心部活性化の方法論が模索されていた．そこで検討されたのが文化芸術・観光による都心部活性化である．2004（平成16）年1月に市長の諮問機関である「文化芸術・観光振興による都心部活性化検討委員会」（委員長：北澤猛　東京大学教授・故人）が，「文化芸術創造都市—クリエイティブシティ・ヨコハマの形成に向けた提言」を発表した．横浜市における文化芸術創造都市の試みは，戦略的なプロジェクトを中心にさまざまな展開をみせてきた．都心臨海部を中心に歴史的建造物や倉庫が文化芸術の拠点としてコンバージョンされ，現代アートの拠点として活用されてきた．都市デザインで培われてきたノウハウを文化芸術の振興という文化政策と融合させた展開であった．たとえば，旧日本郵船倉庫をアートセンター

に転用したBankART Studio NYK は，横浜市の創造都市政策のフラッグシップ施設としてNPO法人BankART1929 によって運営されており，単なる文化施設ではなく，アーティストやクリエイター，市民が交流するまちづくりの場となっている．

13.2 人に注目したまちづくり

　この創造都市というコンセプトについては，チャールズ・ランドリー（2003），リチャード・フロリダ（2009）などの著書が日本国内でも相次いで翻訳され，取り組む自治体も増加している．日本においてその著作の多い佐々木雅幸は「市民の創造活動の自由な発揮に基づいて，文化と産業における創造性に富み，同時に，脱大量生産の革新的で柔軟な都市経済システムを備え，グローバルな環境問題や，あるいはローカルな地域社会の課題に対して，創造的問題解決をおこなえるような『創造の場』に富んだ都市である」と定義している．

　横浜市においては，構想の当初から文化芸術創造都市の取り組みを，文化政策・産業政策・都市デザインという三つの分野をミックスした政策パッケージとして考えている点に特徴がある．さらに一歩進めて考えると，人に着目した取り組みである点が，これまでの都市計画や都市政策とは大きく異なる点である．当初かかげた目標は①

13.3 創造界隈

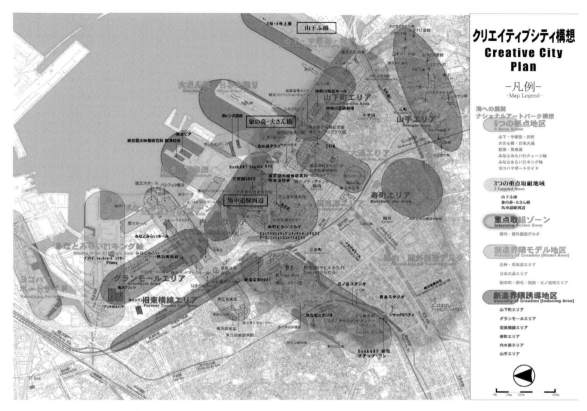

■図13.1　クリエイティブシティ構想（横浜市文化観光局）

アーティスト，クリエイターが住みたくなる創造環境の実現，②創造産業の集積による経済活性化，③魅力ある地域資源の活用，④市民が主導する文化芸術創造都市づくり，の四つであり，①，②などは新たな都市づくり，都市経済の担い手を集めるものといってよい（図13.1）．

13.3 創造界隈

　横浜市でもアーティストやクリエイターが創作・発表・滞在する環境を「創造界隈」と名づけ，アトリエやスタジオの立地にさいしての初期投資の負担を軽減するための補助制度などを設けて，創造界隈のまちづくりを推進している．

　こうしたアーティストやクリエイターが集積する地区の代表的地区が馬車道地区であり，先述の

BankART Studio NYKに加えて，東京芸術大学大学院映像研究科校舎となっている旧富士銀行，ヨコハマ創造都市センターとして利用されている旧第一銀行などが立地しており，歴史的建造物（ともに1929年竣工の横浜市認定歴史的建造物）が文化活動の拠点へと転用されている．これに加えて万国橋SOKOなど民間ビルに，クリエイターのシェアオフィスなどがある．こうした創造界隈の拠点では年に一度「関内外OPEN」というイベントを実施し，一般市民にも公開をおこなっている．

　また，創造界隈のなかでも特殊な位置づけにあるのが黄金町地区である（図13.2）．かつて図中の点線で囲まれた重点取組地区に，違法な売買春が行われていた小規模飲食店が約260軒点在していたが，大規模摘発以後空き店舗化した．横浜市では，初黄・日ノ出町環境浄化推進協議会およ

63

●第13章　横浜都心部─文化芸術創造都市とまちづくり

■図13.2　黄金町地区（提供：初黄日ノ出町環境浄化推進協議会）

13.4 人の集積を可視化する

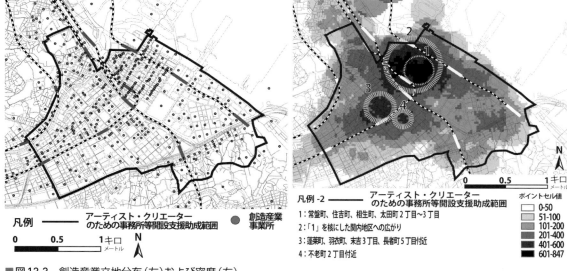

■図13.3 創造産業立地分布（左）および密度（右）
（出典：上野正也・鈴木伸治（2014））

びNPO法人黄金町エリアマネジメントセンターが中心となり，これらの小規模店舗を借り上げ，アーティストのスタジオなどに転用するとともに，高架下にスタジオを整備した．黄金町バザールなどのアートイベントを開催し，安心安全のまちづくりと，アートによる地区の再生が試みられている．現在では50名近いアーティストが滞在する地区となっている．また，隣接する大岡川では，地元町内会と水面を活用するNPOとが協働し，水辺空間の活用を進めている．

13.4 人の集積を可視化する

こうした，産業やアーティスト・クリエーターの集積を可視化することは非常にむずかしいが，これからのまちづくりにおいて重要な空間分析の視点となりうる．図13.3は創造産業の分布を示したものである．創造産業に分類される事業所の立地をインターネット電話帳で検索，リスト化し，それをGIS上でアドレスマッチングをしてマッピングしたものである．この分布図からは，横浜の旧都心部では，関内地区西部に立地していることがわかる．関内地区西部は古く，規模的には小規模なビルが多く残っている地区であり，数多くの都市デザインプロジェクトがおこなわれてきた地区でもある．

創造産業に類する企業の規模が，これまでの重厚長大産業などと比較して小さいことも一因であるが，アンケートによると，むしろ旧都心部の利便性や歴史，文化資源，都市デザインの実践によって実現された魅力的な都市空間を肯定的に評価して選択的に立地していることが明らかになっている．

［鈴木伸治］

［文献］

チャールズ・ランドリー（後藤和子訳）（2003）:『創造的都市 都市再生のための道具箱』，日本評論社．

リチャード・フロリダ（井口典夫訳）（2009）:『クリエイティブ都市論 創造性は居心地のよい場所を求める』，ダイヤモンド社．

上野正也・鈴木伸治（2014）:「横浜市における創造都市政策と創造産業の立地動向に関する研究」『都市計画論文集』vol.49,11-18．日本都市計画学会

湊町新潟

第14章

まち並み調査を反映させた「まち歩きマップ」の作成

　観光地となっている歴史的まち並みでは，来訪者向けのマップが作成される．しかし，多くは，観光スポットになりうる代表的建築の紹介にかぎられているように思われる．昨今，ブームの様相を呈しているまち歩きでは，より深い興味に応えるため，詳細な情報を掲載したマップがあるとよいだろう．ところが，大学などがおこなう歴史的まち並み調査の成果は，調査報告書として刊行される一方，それだけでは，一般市民に成果が還元されにくい．専門家の研究調査結果をまち歩きマップに反映させれば，広く市民に情報提供でき，交流人口の増加や，住民・行政による実際のまちづくりの契機にもなりうる．

14.1 魅力の再発見と情報発信

　ここで取り上げる新潟市は，平成の大合併で人口80万人の政令指定都市となったが，その母体は1655（明暦元）年に長岡藩の外港として建設された旧新潟町である．合理的な格子状の街区構成と堀割，均等な敷地割などから，近世都市の一つの到達点といわれている．本州日本海側最大の港町として栄え，幕末には開港5港の一つとなった．奇跡的に第二次世界大戦時の本格的空襲を免れたため，この規模以上の都市としては，京都，金沢と並んで，戦前の歴史的建造物が多数残されている．しかし情報発信不足もあり，これまであまり注目されてこなかった．そこで，新潟大学都

市計画研究室によるまち並み調査をもとに，市民団体「新潟まち遺産の会」が，「まち遺産マップ」シリーズ3点を制作している．以下では，大学のまち並み調査によって再発見されたまちの特徴や魅力と，それをどうやってまち歩きマップに編集したかについて述べる．

14.2 古町花街における「たてものマップ」の作成

a. 古町花街の概要

　新潟市中央区の古町地区は，新潟町が1655（明暦元）年に建設された時からのまちの中心である．古町通八番町および九番町を中心とした一角は，飲食店が集積する歓楽街となっているが，一方で江戸から続く伝統的花街でもある．日本を代表する料亭の一つである鍋茶屋をはじめ，歴史的建築が多数残存し，また花柳界も現役で，若手芸妓を輩出し続けている．歴史的景観が残る現役花街としては，京都，金沢に次ぐと思われる．

b. 調査の経緯とマップの概要

　2008（平成20）年度に，この地区を対象とした新潟大学学生による卒業研究がおこなわれ，その成果を活用して翌年度に「柳都新潟 古町花街たてものマップ（新潟まち遺産の会，2011）」が刊行された．

　マップのおもて面（図14.1）には概要（花街とは，花街の仕組み，古町花街の建物）を文章で記

14.2 古町花街における「たてものマップ」の作成

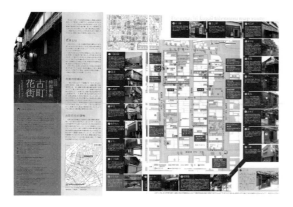

■図14.1　柳都新潟　古町花街たてものマップ（おもて面）（新潟まち遺産の会，2011）

■図14.2　柳都新潟　古町花街たてものマップ（うら面）（新潟まち遺産の会，2011）

■図14.3　古町花街の歴史的建造物（新潟まち遺産の会，2011）

述し，戦前の歴史的建造物を屋根伏せで示した図面と，花柳界関係の店舗を中心とした19の歴史的建造物の解説，1962（昭和37）年当時の料亭分布図を掲載している．趣のある路地や「おすすめルート」も表示している．うら面（図14.2）では，歴史的経緯（古図を活用），建築の特徴（イラストつき），街区構成，代表的景観の写真，往時の絵画を掲載している．単に学術的情報を提供するだけでなく，まちづくりに活用してもらうため，まち歩きコースの設定や花柳界関連イベントカレンダー，店舗の営業情報なども掲載している．

c. 古町花街地区における歴史的建造物の分布

古町花街地区のすべての建物を対象に，1棟ずつみてまわり，軒高，軒裏，屋根，壁面仕上げ，基礎などの状況から総合的に判断して，戦前に建てられた歴史的建造物かどうかを推定していった．このような作業を通じて，全棟数の約1/3にあたる80棟ほどを歴史的建造物と推定した．また，外観形態や細部意匠を調査し，料亭，茶屋，置屋などの花街建築の特徴をイラストで表現した．

歴史的建造物の分布状況は，ウェブサイトで閲覧できる航空写真をもとに作成した屋根伏せ図で表現している（図14.3）．なお，航空写真でわからない仔細な部分は，近隣の商業ビルなどへ上がって実際に確認したことで，料亭の複雑な屋根伏せまで把握することができた．こうして作成した屋根伏せ図からは，典型的な新潟町屋の屋根形状である丁字型（切妻妻入りを基本としながら，前面に切妻平入りの棟がつく形式）は表通りである古町通に多くみられる一方で，花街建築が並ぶ西新道，東新道沿いは近代和風の寄棟造りが多くみられることがわかる．

67

●第14章　湊町新潟―まち並み調査を反映させた「まち歩きマップ」の作成

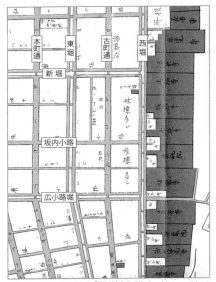

■図14.4　越後新潟全図（部分）（新潟まち遺産の会，2011）

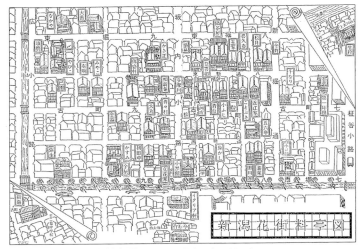

■図14.5　新潟花街料亭図（新潟まち遺産の会，2011）

d. 古地図にみる古町花街

　まちの形成過程や変容を知るうえで，古地図は重要かつ有用な史料である．新潟県立図書館所蔵の「越後新潟全図（複製）」（1870）からは，明治初期の古町花街の様子を知ることができる（図14.4）．古町花街は，明治20年代の大火後に本格的に整備されたらしいのだが，この古地図ではすでに「妓楼多シ」の文字がみえ，花街の土壌が醸成されていたことがわかる．また，「五ノ丁シン道」がすでにみえることから，現在，花街建築が並ぶ4本の新道のうちの少なくとも1本は，明治初期には存在していたことがわかる．

　貴重な史料を郷土史家などの個人がもっている場合もある．郷土史家から提供を受けた「新潟花街」（新潟市観光協会，1962）には，最盛期における料亭の分布が描かれた「新潟花街料亭図」が掲載されている（図14.5）．これをマップと照らし合わせると，いまも当時の建物が残る料亭，建て替えられてしまったがいまも同じ場所で営業を続ける料亭，料亭の建物を活用した飲食店，といったように，いかに往時の空間が引き継がれているかがわかる．

14.3　新潟市中心部における「町屋マップ」の作成

a. 新潟市中心部の概要

　前節で述べた古町地区を含む新潟市中心部は，一部がビル街と化しているものの，格子状街区や路地とならんで，多数の町屋が残されている．現在，古町地区を貫き新潟駅に通じる大通りは「柾谷小路」という，みかけにそぐわない名称となっている．これは，元来は南北の「通り」が主で，東西の「小路」が従の関係であったものが，明治以降に柾谷小路が拡幅され，主従が逆転したことによる．

b. 調査の経緯とマップの概要

　新潟大学では，2001（平成13）年度の卒業研究以来，新潟市中心部における戦前の歴史的建造物の残存状況と外観特性に関する基礎的悉皆調査をおこなってきた．また2003（平成15）年度には，これらの歴史的建造物を継続的に利用している老舗商店や，新たな用途で再生・活用した店舗などの実態調査をおこなった．これらの成果を活かして，まち遺産マップシリーズの第1号となる「にいがた町屋マップ」が2005（平成17）年に，

14.3 新潟市中心部における「町屋マップ」の作成

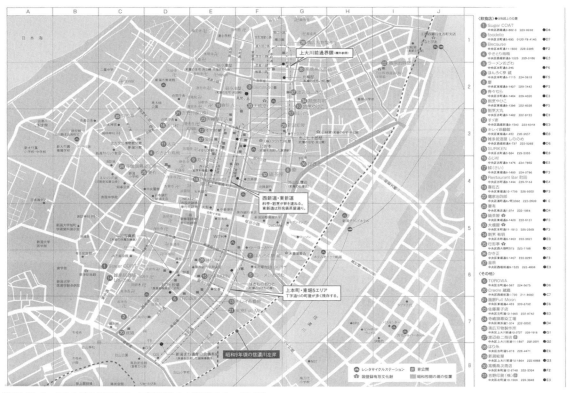

■図14.6 にいがた町屋マップ（新潟まち遺産の会，2007）

その改訂版が2007（平成19）年に刊行された（新潟まち遺産の会，2007）．

町屋の価値を市民に理解してもらうために企画されたもので，プライバシー保護と地域活性化への貢献から，店舗を中心とする37軒を紹介している．各物件については，建築の由来や特徴のほか，営業時間や電話番号も記載した．また，先述した街路構成のほか，失われた堀割が元来あった位置，新潟特有の丁字型町屋の内観パースも掲載し，新潟の都市および町屋の価値がわかりやすいように工夫している．

c. 旧新潟町における町屋を活用した店舗の分布特性

旧新潟町に点在する町屋が，どのような店舗として活用されているかを調査してみると，場所ごとに異なる傾向があることがわかる（図14.6）．「上大川前通界隈」の表示のある一帯は，新潟の
なかで最も湊町らしい風情を残すとともに，下本町市場や昔ながらの店が多く，下町的な情緒もある場所である．廻船問屋（北前船の時代館　旧小澤家住宅）や網元屋敷のような大規模な町屋もあるが，小規模な町屋では，刃物や納豆の製造など昔ながらの商売が続けられている．「西新道・東新道」の表示のある一帯は，現代的繁華街かつ伝統的花街である（14.2節参照）．戦前から営業を続けている老舗料亭に交じり，置屋や待合の建物を改装したバーや飲食店など，花街建築の新たな活用もみられる．古町通と柾谷小路が交わる古町十字路周辺は，新潟大火（1955）の影響もあって，大型のビルが並ぶ都心地区となっている．「上本町・東堀5エリア」や平行する古町通の上古町商店街の一帯には，専門学校が多いこともあって若者向けの店がみられる．町屋を転用した洒落たカフェや飲食店，画廊などが多い．

69

●第14章　湊町新潟—まち並み調査を反映させた「まち歩きマップ」の作成

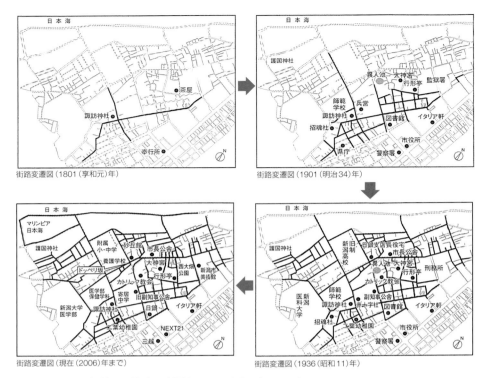

■図14.7　西大畑地区の街路の変遷（新潟まち遺産の会，2006）
1801年の図は「新潟真景」，1901年の図は「新潟市全図」，1936年の図は「最新新潟市図」から作成．

14.4　新潟市西大畑地区における「洋風建築マップ」の作成

a. 西大畑地区の概要

　近世の旧新潟町に隣接する砂丘上に，明治になって開発されたのが西大畑町，二葉町，旭町などの一帯である．旧制新潟医科大学や旧制新潟高校が建設され，新潟町および近郷の資産家が別邸を設けたことなどにより，お屋敷町，文教町として発展した．他の開港都市ほどではないが，点在する近代洋風建築や和洋折衷住宅など，洋風意匠の建築群が，異人池跡，ドッペリ坂などの旧跡とともに，高級住宅地のブランドを形成している．

b. 調査の経緯とマップの概要

　この地区にある1921（大正10）年築の洋館付和風住宅である副知事公舎が取り壊しの危機に瀕した（後に公募貸しつけにより再生活用される）ことなどを背景に，2005（平成17）年度に新潟大学学生による卒業研究がおこなわれた．その成果を活用して，2006（平成18）年にまち遺産マップシリーズ第2号として「異人池・ドッペリ坂界隈—西大畑で洋風を見つけよう—（新潟まち遺産の会，2006）」が刊行された．

　マップには，街路網の変遷，砂丘の地形，洋風意匠要素の解説，代表的建築13軒の解説と地図を掲載している．地図には，和風様式，洋風様式，洋館付住宅それぞれに該当する歴史的建造物をプロットし，みどころとなる坂道や休憩スポットとなる喫茶店の位置を示したうえで，「お屋敷・町屋めぐり」「学び舎・公舎めぐり」の二つのまち歩きルートを設定している．

c. 西大畑地区の街路の変遷

　新潟県立図書館所蔵の「新潟真景」（1801），「新潟市全図」（1901），「最新新潟市図」（1936）を使

14.4 新潟市西大畑地区における「洋風建築マップ」の作成

■図14.8　西大畑地区の等高線地形図（新潟まち遺産の会，2006）

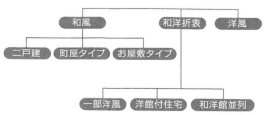

■図14.9　西大畑地区でみられる建築スタイル（新潟まち遺産の会，2006）

■図14.10　洋館付住宅（新潟まち遺産の会，2006）

用し，西大畑地区の街路の変遷を読み解いた（図14.7）．江戸期には諏訪神社前で直交する2本の道があり，これが西大畑地区で最古の道と思われる．この2本の古道を基軸として，明治中頃には砂丘下の町場に近いエリアの開発が進められ，昭和初期には砂丘の上まで開発が進み，現在の街路網がほぼ整えられていたことがわかる．また，明治期から昭和初期にかけ，開発の進展に合わせて，学校・図書館・官舎などの公共施設が整備されており，西大畑地区が新潟の近代化を支えた場所であったことがうかがえる．

d. 西大畑地区の地形

地形図をもとに土地の起伏を読み解くと，西大畑地区は砂丘上の高台のエリアと砂丘下の低地のエリアに二分されていることがわかる（図14.8）．砂丘の上下で10 m程度の高低差があり，眺望点となっている「ドッペリ坂」をはじめ，「寄居坂（シベリア坂）」「招魂坂（ワルツ坂）」といった坂道が多い．坂上の高台は，標高10〜15 mの平地であるが，最も高いところは25 mにもなる．この場所には高さを活かして，水道の配水施設が置かれている．また，海岸線に沿って標高15 m以上の箇所が細長く続いている場所は，冬季の季節風によって砂が町場に流入するのを防止するための防砂林となっている．

e. 西大畑地区に残る歴史的建造物の建築スタイル

明治以降に開発が進んだ西大畑地区には，伝統的和風建築に交じって，洋風の形態意匠をもつ歴史的建造物が多くみられる（図14.9）．和風様式であっても，2戸で1棟の長屋形式のもの（二戸建），いわゆる町屋タイプ，大きな庭をもつお屋敷タイプがある．洋風様式も，写真館や医院などの個人の洋館のほか，教会や学校などの公共建築もある．和洋折衷様式には三つのスタイルがあり，和風様式と洋風様式の建物が同じ敷地に並んでいるもの（和洋館並列）から，和風様式に洋館が接続しているもの（洋館付住宅，図14.10）へと変化し，一見和風様式ながら洋間をもつもの（一部洋風）につながっていく．このように洋風様式が上流階級のひとびとから，より一般のひとびとの建物へと広がっていく流れを，西大畑という一つの地区で体感することができる．

［岡崎篤行・今村洋一］

富山県八尾

第15章 まちの構造を読み解き，提案する視点とプロセス

夏の終わりの「おわら風の盆」で全国に名を知られる越中八尾．東京大学都市デザイン研究室は2004（平成16）年度から2007（平成19）年度にかけて，八尾町商工会（現富山市八尾山田商工会）からの依頼を受けて，このまちを隅々まで調べ，地域のひとびとの声を聞き，さまざまな提案をおこなう活動をおこなった．その全体像は，2008（平成20）年3月に発行した小冊子『八尾と東大生　東京大学都市デザイン研究室八尾奮闘記録』に整理されている．この冊子では，まちづくり支援活動の全貌を「提案はどうやって生まれたのか」「提案は実現するためにある」「まちづくりはみんなで」という三部に分けて，合計10のステップにまとめている（**表15.1**）．本章では，活動の全体像を伝える紙幅はないので，とくにこれらの10のステップの基礎にある「まちの構造を読み解く視点」をどうやって獲得したのかという点と，地域のひとびとと提案を練り上げて，実現させていく過程について記述していきたい．

15.1 まちの構造を大きくつかみとる

a. 印象的な風景が調査の出発点となる

まちは最初にどこからアプローチするかで，第一印象が大きく変わってくる．八尾の場合，JR高山線で富山駅から30分ほどの距離にある越中八尾駅が，公共交通機関での最寄り駅ということになる．のちに越中八尾駅の駅前広場も再整備が

■**表15.1**　八尾のまちづくり支援活動10のステップ（東京大学都市デザイン研究室，2008）

■提案はどうやって生まれたのか

一，まずは八尾のまちを知る　「毎日，新たな発見があった」

二，まちづくりの提案を練る　「ヒントはすぐそこに溢れている」＋「まちづくりの種！」

三，地元の方と一緒に提案を深めていく　「具体的な課題や提案を話すこと」

■提案は実現するためにある

四，まちづくりの担い手や繋がりを見出す　「「楽しく」まちづくりをすることの難しさと大切さ」

五，イベントや実験でまちを盛り上げる　「皆の笑顔が嬉しかった」

六，まちづくりの活動の立ち上げを支援する　「西町マップづくりから始まった」

■まちづくりはみんなで

七，展示会でより多くの人たちに伝える　「まちづくりの敷居を低くしたい」

八，新聞でコミュニケーションを活性化する　「まちの新聞を皆に届けた」

九，フォーラムで成果をまとめる　「来年につなげるための布石を打つ」

十，報告書を編んで次に繋げる　「まちづくりのネタ本になってほしい」

おこなわれることになるが，私たちが最初に越中八尾を訪ねた2004（平成16）年の時点では，駅を降りると，くたびれ気味の交通広場に何台かのタクシーや送り迎えの車，その向こうにこれといった特徴のない，そしていくつかは空き家になってしまっている商店が並んでいた．しかし，事前に地図で旧町とよばれる古くからの市街地と

15.1 まちの構造を大きくつかみとる

■図15.1 禅寺橋のたもとから眺める石垣風景（撮影：東京大学都市デザイン研究室）

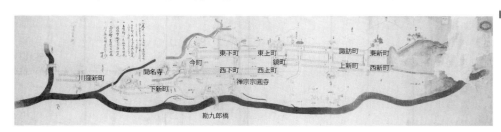

■図15.2 八尾旧町の古地図（1843（天保14）年）（富山県立図書館蔵）

駅との関係を確認していたので，この風景が越中八尾の本当の玄関ではないことはわかっていた．歴史的なまちの多くは，鉄道を敷設するさいに，必ずしもまちに駅を近づけることをよしとしなかった．越中八尾もそうしたケースの一つである．1927（昭和2）年に駅が開設されたのは，旧町から少し距離のある田園地帯であった．

では，八尾のまちの本当の玄関はどこにあるのだろうか．駅前から旧町方面に仕舞屋が並ぶ駅前通りを進むと，井田川という大きな河川につきあたる．そこで右に曲がり，しばらく行くと，対岸に旧町がみえてくる．自動車の場合は最初に出会う十三石橋を渡って旧町へ向かうのだが，徒歩の場合はそこでは渡らずに井田川沿いをしばらく行くことになる．なぜなら，井田川沿いの対岸の地盤がしだいに高くなり，そこにまち並みが背をみせ始めていく，その姿についみとれて，誘われてしまうからである．そして，10分ほど歩くと，歩行者専用の禅寺橋がみえてくる．その橋の手前で，思わず感嘆の溜息が出てしまう雄大で印象的な風景に出会う（図15.1）．川に沿って続く20 mほどの高さのある段丘の上に小さな町家が背を向けてびっしりと並んでいる．川岸から段丘上までの石垣をぬって，急な坂道が延びていく．イタリアの山岳都市を思わせる，自然地形と人間の営為との組み合わせ．しばらくみとれてしまう，そういった風景体験である．

八尾に伝わる絵図や古地図のなかで，最も古いものの一つは1587（天正15）年のものである．井田川と別荘川に挟まれて，斜面緑地に囲まれた河岸段丘上の領域がみてとれる．旧町の発端となった聞名寺はすでに現在の地に移転してきているが，この時点ではまだ旧町の主要なまちの町建て以前であり，まちの様子はわからない．つぎに，1843（天保14）年の地図（図15.2）を手にとると，旧町の街路網が描き込まれていて，この河岸段丘にどのようにまちが形成されていったのかが理解できる．この古地図のなかに，さきほどの印象的な段丘風景も描かれている．正確にいえば，河岸段丘の風景が古くからまちの玄関となっていたことがこの地図から伝わってくる．現在，禅寺橋がかかっているところには，「甚九郎橋」との記載がある．じつはこの地点は古くから「甚九郎

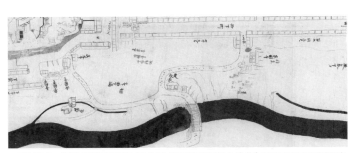

■図15.3 甚九郎橋付近の拡大図（1843（天保14）年）（富山県立図書館蔵）

● 第15章　富山県八尾—まちの構造を読み解き，提案する視点とプロセス

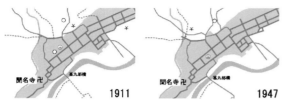

明治期から昭和戦前期にかけては江戸期の骨格をそのまま引き継いでおり，街道の増加以外に大きな変化はない．町建て以前からの甚九郎の渡場には，木製の吊橋である甚九郎橋（禅寺橋の前身）が設置されていたが，洪水のたびに流失を繰り返していた．

1954年に甚九郎橋に代わって永久橋である禅寺橋が設置された．また，井田川沿いには都市計画道路が開設された．

1972年，西町下，鏡町に八尾大橋が新たに架けられた．これに伴い，1991年には禅寺橋が架け替えられ，歩行者専用道となった．

■図15.4　八尾の街路形成史（東京大学都市デザイン研究室作成，2006年）

の渡し」があったところで，後に木製の釣り橋である甚九郎橋がかかり，それが1950年代になってから永久橋である禅寺橋にかけ替えられたのである．そして，古地図にはこの甚九郎橋から段丘上の旧町に向かっていく坂道＝禅寺坂が，いまと同じ線形でしっかりと描かれている（図15.3）．

明治以降の地形図をもとに，各時期の旧町の街路網を表現し，その変遷を見比べてみるとわかるのは，1935（昭和10）年に十三石橋（前年の高山本線全線開通に合わせて），1972（昭和47）年に八尾大橋が建設されるまでは，旧町へアプローチする唯一の橋が，甚九郎橋であったという事実である（図15.4）．つまり，この禅寺橋＝甚九郎橋＝甚九郎の渡しからながめる河岸段丘の雄大な風景こそ，長きにわたり旧町の玄関であった．そして，この風景は，八尾旧町が河岸段丘上の細長い台地にぎゅっとつまっていること，逆にいえば，河岸段丘のきわめて強いエッジに囲まれた一つの明確なまとまりをもっていることを瞬時に教えてくれる．まちの顔となる印象的な風景をしっかりと体感し，その風景の来歴，意味を古地図などを使って理解することが，まず調査の出発点である．それは自分がこれから調査するまちへの「挨拶」といってもよい．

b．祭事，行事にまちの形が浮かび上がる

八尾のまちにかかわると，毎年決まった時期に調査をおこなうことになった．それは5月の曳山祭り（図15.5）と9月のおわら風の盆（図15.6）の時期である．これらの祭事，伝統行事では，まちは普段とは異なったハレの表情をみせる．たとえば，曳山祭りでは，かぎ型の交差点が思わぬ見せ場となったり，曳山に引っかからないように電線が通常よりも高いところに張られていることに気づいたりする．おわら風の盆では，各家の二階の桟敷風の窓が立派な観客席に変化したり，街路の緩やかな傾斜，まちに流れる縁側の繊細な水の音がじつはおわらの舞台を演出する貴重な要素であることなどがわかる．まちの人たちが大切にしている場がどこなのか，それを理解するには，祭事，伝統的行事に参加することが必須条件である（図15.7）．しかし，そうした場の変容とともに，八尾の祭事，伝統行事に参加して初めて強く感じられるのは，旧町を構成する「町」の存在感である．

再び，先にみた幕末の古地図で，幅の狭い河岸段丘上の平地にどのようにまちが築かれていったかをみていこう．この地図で東端にひときわ大きく目立つのは，浄土真宗本願寺派の聞名寺の境内である．聞名寺は1290（正応3）年に美濃で建立された古刹で，その後，越中に移り，1551（天文20）年，洪水の難から逃れるためにこの河岸段丘上に移転してきた．越

■図15.5　曳山祭り
■図15.6　おわら風の盆
（両図ともに東京大学都市デザイン研究室撮影）

15.2 まちの提案をつくりあげていく過程

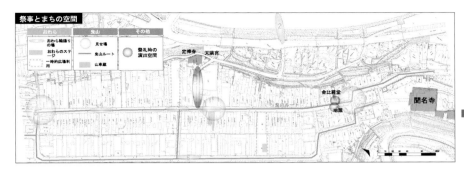

■図15.7 祭事とまちの空間（東京大学都市デザイン研究室作成，2006年）

　中八尾の旧町は，この聞名寺の門前から始まったといわれている．門前では街路はかぎ状に折れているが，すぐに街路は二手に分かれて，並走する二つのまっすぐな通りがまちの骨格をなしている．そして，それらが一旦一つになった後，また少しずれて二手に分かれてまっすぐな道が平行して延び，最後に山裾にあたって行き止まる．細長い河岸段丘の上に，二つの相似形の通りを配置していくというのがこのまちの基本的なつくり方である．それぞれの通りに「町」の名前が記載されていることからもわかるように，一つひとつの通りが「町」の単位となっている．

　聞名寺の門前にまず形成された「町」は今町であるが，そこから分かれる二つの通りは東町，西町で，ともに町建ては1636（寛永13）年である．遠い方は真ん中までが上新町（1664（寛文4）年に南新町として町建て）と諏訪町（1745（延享2）年に町建て），さらに遠くがともに1793（寛政5）年に町建てされた西新町と東新町である．これらに加えて，井田川側の緩やかな斜面に鏡町（1672（寛文12）年に町建て），聞名寺の東側に下新町（1677（延宝5）年に町建て），さらに天満町（1798（寛政10）年に町建て）と続く．こうして順々に，かなり規則的な町割によって10の「町」が形成されていったのである．

　曳山祭りでは，今町，東町，西町，諏訪町，上新町，下新町の6町の蔵にしまわれていたそれぞれの曳山が，「町」ごとにおそろいの法被を着た町の衆によって旧町を曳かれていく．おわら風の盆では，旧町の全10町に，越中八尾駅ができた後に発展した福島を加えた各「町」が，「町」ごとに練習してきた踊りを披露する．やはり「町」によって色も柄も異なる女性踊り手の浴衣姿，男性踊り手の法被姿，それぞれの「町」の個性が感じられる踊りのスタイルがある．彼・彼女たちが「町」を背負いながらまちを練り歩く．もちろん，こうした祭事，伝統行事のさいに顕在化するのは，よいことばかりではない．たとえば，「町」によっては，その「町」の担い手の人数，つまりおもに担ぎ手や踊り手の若者たちが少なくなってしまっていることがはっきりと目にみえてわかってしまう．

　いずれにせよ，曳山祭りやおわら風の盆で浮かび上がってくるのは，現在まで引き継がれているこうした「町」による構成，モザイク構造である．曳山祭りやおわら風の盆において町ごとの競争意識によって質が高まり，活気が生まれているのはもちろん，それ以外のさまざまな場面において，「町」ごとの意思決定が重要となってくる．そして，各「町」には，「町」ごとの性格や個性がある．まちを調査し，まちづくりの提案をおこなうにあたって，こうした各地域の空間的，社会的，そして政治的な枠組み，八尾の場合は「町」のモザイク構造を体感し，理解しておく必要がある．これもまた，やはりまちへの「挨拶」のようなものであろう．

15.2 まちの提案をつくりあげていく過程

a. 西町での1年間のスケジュール

　東京大学都市デザイン研究室は，15.1で述べた八尾の「町」構造をふまえて，2004（平成16）年度は旧町の外，駅が立地する福島，2005（平成

●第15章　富山県八尾—まちの構造を読み解き，提案する視点とプロセス

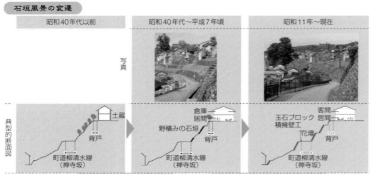

■図15.8　石垣風景に関する事業履歴と石垣分布（東京大学都市デザイン研究室作成，2006年）

17）年度は旧町に入り西町，2006（平成18）年度は上新町，そして2007（平成19）年度は全体を対象として，調査，提案をおこなった．それぞれの「町」ごとに，資源も地域のひとびとの性格も異なっていた．したがって調査の方法や項目，プロセスは必ずしも共通していたわけではなかった．ここでは，2005（平成17）年度に実施した，西町でのまちづくり支援活動を例に，まちの調査，提案のプロセスを説明していきたい．

西町では5月の曳山祭り，9月のおわら風の盆での調査に加えて，7月と10月に調査を実施した．また，単に調査して最後に報告ということではなく，7月の顔合わせワークショップ，10月，2月のまちづくりワークショップと計3回のワークショップ，さらに11月，1月，3月の3回発行した新聞「ニシマチ・マチコミ」といったかたちで，地域の人たちと提案を練り上げていくことを重視した．

b. 石垣の風景の来歴を知る

先に述べたとおり，越中八尾との「挨拶」を交わした後，西町の詳しい調査を実施した．何せ町建てから370年もの歴史をもち，伝統を継承した町家が建ち並ぶまちである．まち並みの調査，とくに各町家の意匠や間取りの悉皆的な調査にかなりの時間を割いたが，ここでは，この八尾，西町ならではの調査である．先にも言及した八尾の玄関ともいえる禅寺橋から望む河岸段丘のひろがりのある風景の調査と提案を紹介したい．

禅寺橋からの旧町へのながめは，甚九郎の渡し時代から続く歴史的な風景であるが，かといってこれまでまったく変化がなかったわけではない．まず，あの風景が具体的にどのようにできたものなのか，旧町の各種整備事業の資料をひもといてみると，現在の風景を特徴づけている石垣は決して古いものではなく，昭和40年代に急傾斜地崩壊危険区域に指定され，国庫補助を得て，土坂に茂っていた樹木を伐採し，法面を石積みに変更したのが始まりであったことがわかってきた（図15.8）．1980年代から1990年代にかけて，井田川周辺景観計画を皮切りに，歴史的地区環境整備事業（歴みち事業）による禅寺坂の舗装改良，フェンス・街灯整備，急傾斜地崩壊対策事業による玉石ブロック積擁壁の設置によって，現在の姿になったものであった．つまり，この50年の間に，徐々に磨かれ，つくられてきた風景だったのである．詳細に調べてみると，遠くからは同じ石積みにみえても，実際には，古くからの野積み部分に加えて，新たに整備された野積み＋コンクリート充填部分，石張りコンクリート壁部分があることも，こうした事業の歴史をふまえて理解できた．また，この風景の生成は，井田川対岸での護岸整備や町民センターの建設といった事業とも連動していた．つまり，この風景をじっくり，快適にながめられる視点場の創造があってはじめて，こうした風景は活きてくるのである．

c. 石垣風景規範の提案と現場談義

風景そのものは，石垣を基調とし，西町の裏手である崖上の家並み，崖下の家並み，河川敷の四つの景観領域から構成されていた．このなかで，とくに崖上の家並みと石垣との関係に課題があることがみえてきた．西町の通りに面する崖上の家にとって，石垣側は裏手にあたり，そこでの建物形式や色彩，素材はばらばらである．とりわけ課

15.2 まちの提案をつくりあげていく過程

■図15.9　石垣風景規範（東京大学都市デザイン研究室作成，2006年）

題と感じられたのは，表側の共同下水道工事に伴って，新たなステンレスの配管が各家からこの石垣側に露出してくるようになり，石垣部分とのコントラストが強く，目立ち始めた状況であった．

　こうした課題を解決する提案が，「石垣風景規範」（図15.9）であった．5月，7月，10月の調査をふまえて，10月の第1回まちづくりフォーラムでは，12の提案をおこない，それに対して投票し，議論したい声が大きかったものから，ワークショップ形式で議論を進めた．ワークショップ後には改めてアンケートを実施し，それぞれの提案を，「問題もなく，いますぐ実行すべき」「問題はあるが，実現に向けて検討するべきだ」「問題があり実現するのは難しそうだ」「西町において，必要のない提案である」の4段階で評価してもらった．「石垣風景規範」は，段丘上の家並みについての「建築の外観デザインを揃える」，配管類の問題についての「石垣の美しさを磨く」，視点場と視対象との間にある電柱を問題とした「電柱類の地中化により風景を洗練する」，段丘の途中中途の植栽のあり方についての「石垣風景に潤いを与える」からなる提案であったが，12の提案のなかでも，「問題もなく，いますぐ実行すべき」に票を多く集めた提案の一つであった．

　第1回まちづくりフォーラムでは，単に机上で議論するのではなく，地域のひとびとと実際に提案している各箇所を巡りながら，提案の善し悪しや，アイデアの展開の方向性をより具体的に考えようという目的で，ワークショップとは別の日に，「現場談義」という催しを実施した．「石垣風景規範」については，地域のひとびとに実際に井

■図15.10　現場談義（東京大学都市デザイン研究室作成，2006年）

田川の対岸に立ってもらい，風景の現状を確認してもらった後，黒っぽい布で銀色の配管を隠してみた状態についても確認してもらった．実験の方法は非常に簡易なものであったが，その違いを実際に目にしてもらうことで，地域のひとびとも，そして提案者である私たちも提案の効果を実感できたのである（図15.10）．

　なお，東京大学都市デザイン研究室が提案し，地域のひとびとと議論した「石垣風景規範」は，その後，富山市による「八尾地区まち並み修景等整備事業」において，その修景補助の基準に採用された．石垣（市道柳清水線）沿線家屋の新築・改築・増築・修繕などについて，平成22〜26年度の期間限定で，補助率90％で，補助基準にすべての項目で適合する場合は，家屋修景については上限200万円，一部適合しないものがあるがまち並みとの調和がはかられているものについては上限100万円，さらに配管も含む外構物は上限50万円と定められた．その結果，提案していたようなかたちで，石垣風景が更に磨かれていくことになった．

[中島直人]

第16章

静岡市

街の特性を活かす
アーバンデザイン指針

静岡市中心市街地の七間町通りでは，三つの映画館を取り壊した跡地における再開発を契機としたまちづくりが進んでいる．本章では，2012（平成24）年秋におこなった一連の分析作業から，解読の要点を明らかにする．

16.1 七間町まちづくりの展開

2009（平成21）年4月に静活（株）が映画館閉鎖の方針を発表したことから，翌年に地元有志による「七間町の明日を考える会」が発足し，映画館取り壊し後のまちづくりについて検討が始まった．7月には「明日を考える会」と周辺の2町内会および2商店街および静活による「七ぶらまちづくり連絡会議」が発足，映画館が閉館した2011（平成23）年10月には市が「七間町映画館跡地周辺地区のまちづくりに関する研究会」（以下，研究会）を設置した．

研究会では，地権者・地元商業者・行政などによる（1）地区まちづくりの方針固め，（2）それを地元で推進していくエリアマネジメント体制づくり，（3）まちづくりの方針を映画館の跡地利用に具体的に反映していくための意見交換がおこなわれ，2012（平成24）年1月に「七間町映画館跡地周辺地区まちづくりガイドライン」が策定された．ガイドライン（以下，G1 〜 G4，G41 〜 G43）では七間町エリアの価値を高める空間づくりの方針として，（G1）「公共空間」と「私空間」

の間の「中間領域」を魅力的にする，（G2）「既存のまち並み」に新しい建物を調和させる，（G3）「歩いて楽しいまち並み」を壊さない駐車場を計画する，（G4）「街区」としての魅力をさらに向上させる工夫（G41）「まちの入口」「まちかど」のデザイン，（G42）街区の中へ引き込む「通路」や「中庭空間」，（G43）向かい合う敷地同士での関係づくり〉，という4項目が示された．

16.2 まちの空間特性と人の行動特性を調べる

水道局取得街区の再開発が先行することから，「デザイン協議」の場を市，地権者・事業者，学識経験者で組織した．協議の準備作業として2012（平成24）年秋に，現在の七間町界隈の歩行者行動特性と空間特性の調査分析をおこなった．

歩行者の行動特性としては，移動と滞留の特性を分析した（**図16.1**）．平日の午後，一定の時間を決めて調査員8名で通りを歩く人をおのおののタイミングで写真撮影し，そこに写り込んだ人の位置と向き（歩行中の人の方向）を後で図化した．現地では動画や静止画などで記録しつつ，気づいた項目は現地でメモに残した．

空間特性の調査分析としては，建物際の空地の位置・形状と使われ方の調査にもとづく中間領域の特徴の分析（**図16.2**），現地で撮影した建物正面写真（連続ファサード写真）と階別の土地利用（建物利用）調査にもとづくまち並みの特徴の分

16.3 中間領域を魅力的にする（G1）

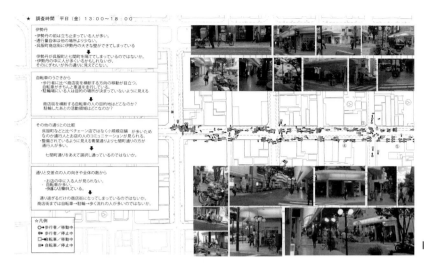

■図16.1 人のにぎわい分析図

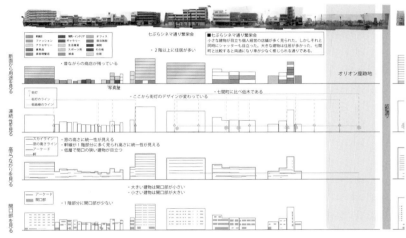

■図16.2 まちの見え方（西側）分析図

析（図16.3），地図を用いた建物および空地（駐車場など）の位置・形状の特徴に関する調査分析（図16.4）をおこなった．

16.3 中間領域を魅力的にする（G1）

公共空間と私空間の間の「中間領域」とは，軒先や店先など建物と道路の際のあたりの場所をさす．建物から人や商品のにぎわいがあふれる場所，道路のにぎわいが建物に入り込む場所である．中間領域の使われ方やあり方に着目して，図16.1から人のにぎわいの様子を，図16.2からモノのにぎわいの様子を分析した．

まず人のにぎわいは，歩行者が滞留しないため乏しい．ベンチが設けられているが利用頻度は低い．ドラッグストア，書店などでは店舗から商品の「あふれ出し」もみられたが，それらが人を集める仕掛けとして機能している様子は（調査時には）みられなかった．

モノのにぎわいとしては，七間町通りは道路境界に沿って店舗などの路面型建築が立ち並ぶが，建物がわずかでもセットバックしていれば商品ラックなどの置き場となり，中間領域がモノのにぎわいをつくっている様子が確認できた．

角地建物の場合，中間領域としての空地は二方向の道路からのエントランス空間として設けられている．この場合は，店舗の魅力が街路に対して「あ

79

● 第16章　静岡市―街の特性を活かすアーバンデザイン

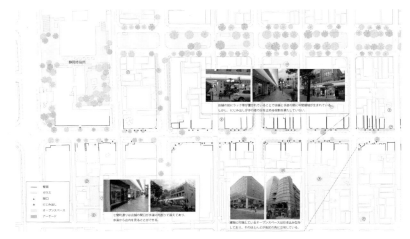

■図16.3　まちのでき方分析図

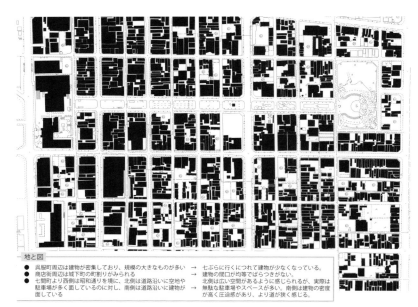

■図16.4　七間町周辺建物形状分析図

ふれ出る」ような中間領域ではなく，共同ビルの2階へのエスカレーターやエレベーターホールなどに直結した「引き込む」空間として使われている．

以上の分析から，映画館跡地のような再開発において「『中間領域』を魅力的にする」という空間づくりの方針を具体化するためには，人の「滞留行動」を誘発するような中間領域のつくり方が課題として抽出された．

16.4　既存のまち並みとの調和（G2）

まち並みの特徴分析（図16.3）は空間づくりの方針にもある「（G2）既存のまち並みとの調和」の手がかりを探す作業としておこなわれた．七間町通りでは，歩行者のにぎわい感や商店街としての雰囲気などが昭和通りによって分断されているため，映画館跡地がある昭和通りの南側は，北側との一体感を少しでもつくりたい．方法としては，「垂直方向のリズム」を感じさせる共通要素と「水平方向のリズム」を感じさせる共通要素の存在を「通り全体」として強く意識させるようなまち並み景観をめざすことが有効と考えられる．たとえば，さまざまな共通の要素を一定間隔

で入れる（→垂直方向のリズム），そろった水平ラインを複数入れる（→水平方向のリズム）などである．以上の観点から，垂直・水平方向の既存のリズムを探すための連続立面および街路空間の調査がおこなわれた．

水平方向のリズムを感じさせる要素については，窓ライン，アーケード，軒線が考えられる．昭和通り北側では庇を伸ばした形のアーケードの存在感が強い．アーケードによって店舗1階が切り取られたような見通し景観をつくる一方で，単調さも生み出している．アーケードに沿って照明が設置されているため，夜は水平方向のリズムを感じさせる光環境が生まれている．昭和通り南側の映画館跡地ではアーケードの水平要素をどのように継承するかが課題といえよう．

垂直方向のリズムを感じさせる要素については建物間口の分節，街路灯と樹木の配置が考えられるが，いずれも弱い．既存の街路灯は間隔もデザインも不揃いで，樹木も昭和通りの南北で様相がかなり異なる．ただし，南側には街路樹のボリュームがあまりに少ないことから，これを北側同様に増やすことによって，一体感の醸成には貢献するものと思われる．

建物間口方向の分節については，建物のスケールによって一般的には担保されることが多いが，七間町ではファサードの開口部（扉や窓など）が，水平方向に長くつながる意匠のものが多く，間口方向の分節感を弱める働きをしている．

16.5 歩いて楽しいまち並みを壊さない（G3）

歩行者の移動特性としては，図16.1が示すとおり，歩道に沿った南北方向への移動が大半で，東西方向（道路を横断する方向）の移動はほとんどみられなかった．車道と歩道の区別が明確であること，歩道に放置自転車が多いこと，車両交通が随時みられることなどが考えられる．

映画館跡地は道路を挟んで相対しているので，通りの断面を工夫することにより，（安全に留意しつつ）車道を横断する移動を促すような工夫も

求められる．このことは空間づくりの方針「（G43）向かい合う敷地同士での関係づくり」にも通じることであり，両側町として形成してきた歴史（通りの両側に映画館があり，互いの2階外部のバルコニーから「見る見られるの関係」があった）を継承するという課題としても整理された．

16.6 街区としての魅力向上（G4）

図16.4にみられるとおり，中心市街地には大きな空地と小さな空地がある．駿府城公園，青葉通りや青葉公園，静岡市役所周りの空地など，大きな空地は都市の骨格を形成している．かたや七間町界隈（道路空間を除く）には分散的な青空駐車場など小さな空地がめだつ．

七間町の周辺には東西方向の道路に面した（1面もしくは2面の通り抜け）平面駐車場が多くみられるが，七間町通りのように南北に抜ける大通りには，角地以外にまち並みを壊す（分断する）平面駐車場はない．この傾向を将来的にも持続するには，角地を平面駐車場として利用しないような土地利用の誘導が課題だといえる．

16.7 アーバンデザイン指針へ

まちの特性を読み解く調査分析とデザイン協議の成果は，2度の地元協議（ワークショップ）を経て，2013（平成25）年3月にはアーバンデザイン指針の形でとりまとめられた．協議会参加者の間では，七間町のまちの特徴を考えるポイントとして「七間」というもともとのスケール感を保ちながら両側町としての性格を継承していくこと，つまり「七間の町」であることが，当初からキーワードとして（なかば直感的に）共有されていた．めざすべき空間の仮説をもつことでガイドラインの項目やまちを読み解く作業も要点が絞られた．このことがアーバンデザイン指針策定までの作業のスムーズな導入につながった．　　［遠藤　新］

飛騨高山

第17章 地域資産と特性を活かした地域マネジメントの実現

　岐阜県高山市は，かつては「飛騨国」とよばれ，市域の92％を森林として抱える，木々豊かな山脈に囲まれた山岳都市である．2005（平成17）年の市町村合併により日本一広い市となったが，人口9万人が生活するなかで高齢化や人口減少などの課題を有している点では他地域と共通している．とくに，市内中心部の「歴史的まち並み」が有名であり，外国人観光客も多く訪れる観光都市でもあるが，豊かな歴史的資産や地域資源を次世代に受け継ぐという観点からみたときに，地域の構造をどのように読み解き，未来に紡いでゆくかという視点での再整理が求められている．ここでは，こうした枠組みでの三つの調査・提案について述べてゆくことにする．

17.1 越中街道町並み保存会の都市デザイン提案

　高山の歴史的市街地は，中世末期，金森長近による城下町の形成，その後の天領化による町人文化の発展などを背景として，現在までその歴史文化を受け継いできた．とくに1960年代以降，こうした地域の歴史的環境が見直され，過去には，伝統的建造物群保存地区（以下，伝建地区）指定やまち並み保全の地区指定がおこなわれるとともに，歴史的空間を活かした都市デザイン実施のために都市構造の調査がおこなわれた．そして，建築物だけでなく都市空間，とくに交差点の存在やデザインを基にして「まちかど」という空間概念

が調査チームから提示され，これが実際の都市空間整備に活かされている．

　その高山市の歴史的市街地では，「三町」（上町の一部）とよばれる伝統的まち並みが有名であるが，その北側，下町とよばれるエリアも，多層的な高山の魅力を受け継ぐエリアである．城下町の北端に位置し，通称「ぶり街道」ともよばれる，富山へ向かう街道に沿う「越中街道エリア」は，2004（平成16）年に指定された，下二之町大新町伝建地区の一部である．伝建地区に指定されれば，伝統的建造物は修理の対象となるが，本エリア内の伝統的建造物は全体の約1/4程度であり，残りは，修景の対象となるが，建替えなどの行為を実施されて初めて適用され，そうでないと適用されず，何も変化はおきない．そこで，修景がおこなわれない間も都市デザインにかかわる工夫ができないかということで，地元に設立された「越中街道町並み保存会」とともに検討を開始した．

　もともと，大火前の古い町家（Ⅰ種）と大火後の2階建ての高さの高い町家（Ⅱ種）の凸凹した多層的なまち並みがこのエリアの特徴であるが，Ⅰ種町家・Ⅱ種町家（ここまで伝統的建造物）のみならず，Ⅲ種町家（伝統的建造物ではないが，和風の意匠を備えた戦後の町家建築），そして，残りを一般建築物と分類してみると，それぞれのタイプの町家や住宅が混在していることがわかる（図17.1）．しかしながら，その多くで「鰻の寝床」とよばれる短冊状の敷地が維持されており，

17.1 越中街道まちなみ保存会の都市デザイン提案

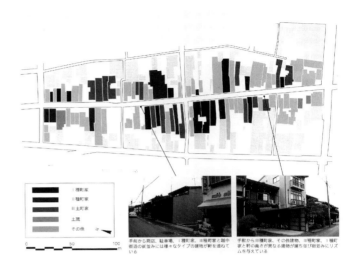

■図17.1 町家の分類（Ⅰ種-Ⅱ種-Ⅲ種）とその分布の様子
（文献3）をもとに作成）

■図17.2 越中街道で用いられている格子の分類

　また，偶然だと思われるが，上記の各種町家の分類が，数軒ごとにまとまって存在している部分が多いことがわかった（やつづき）．また，地域最大の祭りである高山祭（秋）のさいには，各戸に提灯・傘や垂れ幕・簾がかかげられ，地域特有のまち並みが現れる．さらに，各町家につけられている格子は，少しずつ意匠が異なり，この格子が一体感と多様性をうまく織り交ぜる役割を果たしている（図17.2）．

　一方で，伝建地区指定前に計画されていた都市計画道路の存在により，一部の敷地では大きくセットバックして建てられているほか，空地も増えてきていることから，本来の歴史的まち並みでは表に現れない側壁が多くみえていることや，通り沿いが屋内外問わず駐車場として用いられていることがわかった．そして，建物内の使われ方を調べてみると，高齢化により単身世帯も増えるなかで，生活領域は，水回りなどの集中する細長い敷地の奥に分布しており，その結果，かつてミセ空間であった通り沿いの空間が用いられておらず，沿道が空家であるかのような活気のない様子となっていることも明らかとなった．

　こうした調査結果をもとにして，越中街道の地域がみんなでまち並み形成にかかわるしくみとして，地域組織（越中街道町並み保存会）に向けて「半間ルール」を提案した（図17.3）．半間ルールとは，伝統的建造物を有していない，あるいは，しばらく自宅を建て替える予定のない家々でも，通り沿いの半間（90 cm）分で，郵便受けや表札・飾り物などとして使用できるファニチュアを地域で合わせて設置することで，地域のまち並みを少しずつつくろうというものである．最終的には，この「半間ルール」を含めた「12の提案」という形でまとめられている．

■図17.3　半間ルール（出典：文献3））
建替えや改修予定のない家々も，まち並みづくりに参加するために，半間（約90cm）分だけ，修景に加わるツールづくりを検討した．

17.2　文化財の総合的把握調査

　高山市は，2005（平成17）年の市町村合併により日本一広い市となったものの，それまで，各旧町村はそれぞれ個別に文化財行政や地域振興を実行しており，地域資源に対する考え方，地域文化の育み方はそれぞれ異なっていた．一方で，「飛騨国」の時代の大きな枠組みや，高山城下町を中心とした文化的領域などを考えると，これまでも地域同士の関係性が複層的に絡みあって存在していた．そこで，改めて高山市域全体の地域資源を総合的に把握してみることが検討された．

　市域全体の都市構造を，地形と集落分布の面からみてみると，高山市域は，そのほとんどが険しい山地であり，ひとびとが移動・活動できるのは，河川沿いのわずかなエリアであるため，河川沿い＝街道筋にブドウの房のように，集落が貼りついた「郷山」都市である．とくに，中世末期に金森長近によって城下町が形成されると，高山中心部から各地域へと向かう「五街道」（白川街道・尾張街道・江戸街道・平湯街道・越中街道）とよばれる街道がヒトデのように延びており，またこれらの街道同士を結ぶ脇街道をあわせると，ほとんどの集落がこの街道沿いに分布している．しかし一方で，分水嶺や流域圏を考えると必ずしも高山城下町を中心としておらず，南部には分水嶺があり，北東部の高原川流域は，高山を経由せず神岡‐富山へとつながってゆく（図17.4）．

　つぎに，時間的な軸線で高山を再定義すると，一般的に高山の歴史としてとらえられがちなのは，おもに高山城下町の設立・発展期（中世末期～近世）であるが，そもそも，「飛騨国」と，国分寺や国分尼寺跡の存在，国府町の地名などからもわかるように，平安時代から統治の要所であった．京都奈良の寺社も手掛ける宮大工や彫刻家など，「飛騨の匠」とよばれる職人も多く輩出しており，近世以前からも重要な歴史文化が蓄積されていることがわかる．

　一方，時代を近づけてみてみると，高山にも近代化の波は訪れており，製糸場の存在やまちなかに散見される近代建築の存在など，とかく中近世に注目がいきやすい高山であるが，近代以降の歴史も積層している．JR高山駅の開設（1932年）後は，市街地の都市構造も変化してきており，近現代の歴史文化の積層も，高山を位置づける重要な要素である（図17.5，図17.6）．

　さらに，各地域の地域資源をつぶさにみてゆくと，この都市空間構造が浮かび上がってくる．各集落を，高山市を中心とした同心円でとらえ直すと，中央高山の文化と飛騨に隣接する周辺地域の文化とが混交されていることがわかる．高根の野麦・日和田集落の建築物は，屋根の大きな妻入りの民家が多いが，これは，峠を越えた先の木曽地域に多くみられる本棟造りの建物の特徴であり，木曽駒で有名な木曽馬の育成が日和田・野麦集落でもおこなわれていたことも知られている．高山市からほど近い丹生川地域の北方・法力集落は，南面の斜面の麓に東西に線形に連続する，豊かな水田農村集落であるが，民家の規模は大きいものの，真壁や格子のつくり，むくりのついた庇や持ち送りなど，高山中心部の町家の特徴を有している（高山の大工が建てたものもある）．また，荘川地域の一色惣則集落では，以前は，入母屋屋根の荘川式合掌造りとよばれる形式の茅葺民家が集積していたが，その後，養蚕が活発化すると，より上部の体積の大きい，白川式合掌造りへと屋根を変形した民家が出現した．さらに，明治以降は，高山町家を模した樺葺屋根の町家へと屋根をつくり変えるといった変化の様子がみられる．このように，それぞれの地域の建物のなかに，辺縁部と中央部の文化の間で揺れ動く様をとらえることができる（図17.5，図17.7）．

17.3 地域マネジメント計画

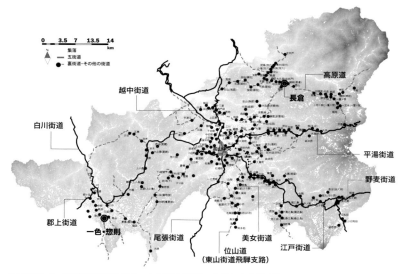

■図17.4　高山市集落プロット図（文献3）p.9をもとに作成）

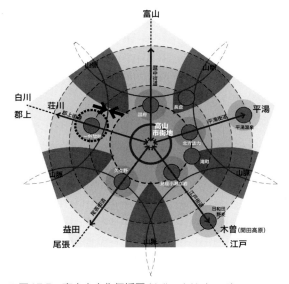

■図17.5　高山市文化伝播図（出典：文献3）p10）

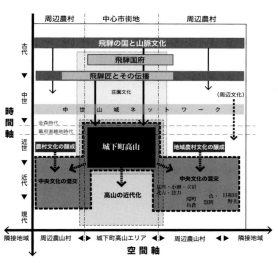

■図17.6　高山の歴史的マトリクス（出典：文献3）p10）

17.3　中山間集落での地域マネジメント計画

　前述のとおり，高山市のような，広大な面積のなかに多種多様な小集落（地域）の房を多く抱えている場所では，これらの地域が行政の手を頼りすぎることなく，自律的に地域をマネジメントしてゆくことと，そのための支援の仕組みが必要となるが，このために考えられたのが，「地域マネジメント計画」の策定プロセスとその支援である．具体的には，地域の基礎調査および資源調査→地域のひとびととのまちあるき→世代別のワークショップと構造把握→地域資源と課題の抽出→アイデアカードの提示と投票→地域マネジメント計画の策定とアクションプラン→地域で合意→プロジェクトの実行，という詳細なプロセスを丁寧に進めてゆくものである．中でもとくに，地域の状況や資源をどのように読み解くことができるか

85

●第17章　飛騨高山—地域資産と特性を活かした地域マネジメントの実現

■図17.7　各集落の民家写真（左：野麦集落，中：北方・法力集落，右：一色惣則集落［一色白山神社拝殿］）

が，計画を円滑に実行に進めるためのポイントとなる．ここでは，2つの事例を紹介する．

a. 荘川町一色・惣則集落

一色・惣則集落は，白川郷へと向かう白川街道沿い，庄川・一色川の合流地点に位置する荘川町（旧荘川村）南部の農村集落である．標高は約800m，冬は雪深く，最低気温は−20℃にも及ぶ．かつては，三島家（大原騒動により東京都新島に島流しに遭う）を中心に栄えた歴史を有している．

地元では，年に数回，自主的活動として，ボタ（土で盛られた棚田の段の部分）の草刈りがおこなわれており，いつみても背筋の伸びる美しさが保たれている集落である．地域マネジメント計画の策定は，一色集落と惣則集落の一部を範囲としている．範囲内の人口は198人（平成23年度）で，高齢化率は43％と高い率となっている．

なかでも最も特徴的なのは，豊かな水を用いた用水のシステムである．川および湧水を源として，農業用水のみならず，ときに生活用水としても用いられてきた．水質の異なる湧水と用水の分離，水路の接続やセギ板とよばれる板による水量調節，豊かな水を湛え，野菜などが冷やされた水舟や，水を引き込んだ池の設置など，複層的な水路ネットワークは，機能的であるばかりか，美しい集落風景の構成要素でもある．3本の水路系統に合わせて3組の水路管理組合が，集落全体が加入する町内会とは異なる形で組織されている．

また，集落の裏には，地域資源を支える里山がある．天然記念物を含む樹齢の長いイチイ，住民自らの手で守られるササユリの群生，水辺に生え

るバイカモなど自然資源が豊かである一方，イノシシによる獣害も絶えず，電流柵が設けられている．集落の根幹は農地である．北斜面で土地も肥沃でないため，雑穀が中心だったが，いまでは，棚田がみられる．ボタとよばれる棚田の法面は美しく刈り込まれている．ただし，高齢化により耕作放棄地は増加しており，農業法人により放棄地でのそば栽培が試みられている．また，祭礼行事も続いており，屋台の曳き回しもおこなわれるが，例年おこなわれていた地芝居は継続がむずかしく，10年ほど前からおこなわれていない．

こうした調査をもとにして，地域マネジメント計画としては，豊かな水の活用（小水力発電や水舟の設置など），豊かな里山の保全（ササユリやバイカモの保全），「農」の継承（草刈り支援と休耕田での雑穀栽培），祭礼支援，まち並みのハンドブックとマップ化，生活支援などが方針として示された．その後，文化財でもあり地域の核でもある一色白山神社拝殿の茅の葺き替え，水舟の設置，マップの作成などの実施が，地域や行政のもとで検討されている．

b. 上宝町長倉集落

長倉地域は奥飛騨温泉郷から神岡−富山へと結ばれる高原川・高原道沿いに位置する地域で，集落の上下で標高差が約100mと，非常に高低差の大きな斜面集落である．戸数約34戸，人口100人程度の小集落であり，高齢化率は55％に及ぶ，いわゆる「限界集落」に位置づけられ，30〜40代も大きく偏った構成をしており，今後の人口構成の是正が課題である．集落全体は，「区」とよばれる自治組織で構成されている（長倉区は，さ

17.3 地域マネジメント計画

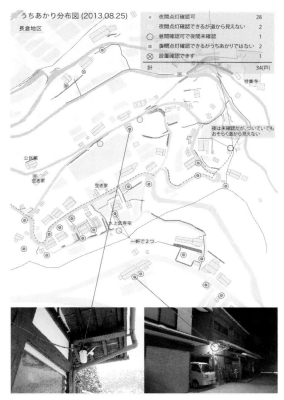

■図17.8　うちあかりプロジェクトの様子

らに6つの「組」に分かれている）．

　集落内で100mほどの標高差のある斜面地に，長年生活を重ねてきたその姿と工夫自体が長倉の地域資源であり，乗り越えるべき課題でもある．斜面で生き抜くために水の入手に工夫を凝らしてきた一方で，急斜面における水は，災害の元凶でもあり，一色惣則とは異なる水との闘いがある．また，斜面で暮らすためには，基盤を整える必要がある．たとえば，土を押さえるために石垣が設けられているが，桂峯寺の手前には，古い石垣がみられるほか，川の丸石が使われた場所や，コンクリートによる場所など，石垣のカタチに形成された時代が反映されている．地域内に歴史的建築物は少ないが，住まい方を受け継いだ母屋と板倉が特徴的である．寺社を見ても，桂峯寺とその奥の新明神社が共生しており，百観音例大祭（桂峯寺）や春秋の例祭（新明神社）は受け継がれているとともに，集落の坂道は，この両者の参道でもある．

　また，長倉の生業の中心である農業を見てみると，さまざまな作物のなかでも，山椒が流通作物として生産されているのが特徴であり，季節になると山椒を干す様子が，斜面中に広がる．

　地域コミュニティとしては，前述の「区」による地域運営が強固におこなわれており，年には2回，全世帯が参加する「万雑」とよばれる寄合がおこなわれ，地域の会計や課題が議論されている．さらに特徴的なのが，明治期から伝わる「長倉区内居住者申合規約書」であり，この規約はいまでも，万雑のはじめに読み上げられる．

　こうした資源調査，課題整理をもとにして，地域の方々とまちあるきや聞き取り・ヒアリングをおこない，なるべく広い意見を収集できるように，時間帯を分けた年代別ワークショップや，提案をまとめたアイデアカードへの各戸での投票などを重ねて意見をまとめると，斜面の歴史文化を受け入れ，自然も活かしながらも安心安全を実現し，地域に合った人材が（配偶者など）少しずつやってきて地域が継承されることが望まれていることがわかった．具体的には，高齢者の安否確認と，地域の風景向上のために毎日灯りをつける「うちあかりプロジェクト」や，斜面を地域の植栽で飾る「彩りプロジェクト」「国道からの景観改善」「屋根の色の統一」など景観をよくするプロジェクトなどが推奨された．

　長倉区と大学は，その後も協働体制を築いて，何を実行すべきかともに検討した結果，アイデアカードのうち，「うちあかりプロジェクト」は，地域自らの費用でほぼ全戸に点灯されるまでに至ったほか（図17.8），植樹による「彩りプロジェクト」や，課題のある樹木の伐採による景観向上などが，地域の自主的活動として進められている．

［野原　卓］

［文献］
1）高山・地域マネジメント研究会，長倉区（2012）:『高山市長倉地域マネジメント計画−斜面とともに豊かに暮らし続ける』
2）高山歴史研究会ほか（2011）:『高山市一色惣則地域マネジメント計画』
3）東京大学工学部都市工学科都市デザイン研究室ほか（2009）:『越中街道街並みプラン　高山市越中街道街並み調査最終報告書』，東京大学工学部都市工学科都市デザイン研究室．

第18章 清水
地名にみる港町のおもしろさ

18.1 港町のおもしろさ

　港町の都市空間のおもしろさは，地形や歴史の積み重なりに加えて，港を中心にすえた論理が都市に介入しまちが変化する点にある．静岡市清水区は，日本有数の港湾を抱える港湾都市として発展を遂げた．現在でも貿易港として重要な位置を占める，いわば現役の港町である．

　清水を訪れる人の多くは，まちの表玄関であるJR清水駅西口に降り立つわけだが，ここでは港町の雰囲気はあまり感じられない．もちろん，西口が山側であることも一因だが，海側の東口も，近年建設された公共施設と臨港道路があり，港町の猥雑さは見当たらない．西口から商店街が南に伸び，その南端からさらに西に行くと「清水銀座」がある（**図18.1**）．駅から1 kmほど離れており，近くに市役所があるわけでもない．なぜここに銀座があるのか．

　これらの疑問は，旧清水市の成り立ちを調べると合点がいく．というのも，清水銀座は，実は港町として発展した「清水」ではなく，江戸時代に栄えた宿場町「江尻」の中心に由来するものであり，JR清水駅は，江尻の縁辺部に設けられた東海道線江尻駅が改称した駅なのである．

　1924（大正13）年，旧清水市は，巴川河口の港町であった清水町と，東海道の宿場町であった江尻町，近隣の入江町・辻町・不二見村・三保村の合併により生まれた．当時，清水港は全国の茶の輸出量の7割強を占め，内務省による大規模な修築工事を実施して，大きな飛躍を遂げている最中であった．合併後の市名が清水であることからも，当時の清水町の勢いをうかがい知ることができる．

　一方で，江尻町は旧東海道沿いの宿場町（現在の清水銀座付近）を中心にして，1889（明治22）年に開業した東海道線江尻駅[*1]の方向に徐々に市街地を拡大しつつあった．陸上輸送で大きな役割を果たし始めた鉄道駅を市街地に取り込みながら商業の中心として発展を続けた．以前の清水町の中心（清水区上町・本町・清水町）は，現在も次郎長商店街として近隣から親しまれているが，清水の中心市街地としては駅前銀座・清水銀座に軍配が上がる．清水の発展を支えた最大の要因は，清水港の拡大であったが，商業の中心は旧江尻町の部分に形成されていったのである．

18.2 みなとの変遷とまちの関係

a. 地形の変化と港の関係

　清水の港は，巴川に設けられていたのだが，江戸時代以前は，江尻・入江付近が船着場などとして利用されていた．この船着場が位置を変えながら国際貿易港へと進化するわけだが，港の移動は地形の変化に影響を受けている．現在は，江尻や入江といった地名は内陸に位置しており，港とい

---

*1　初代江尻駅は現在の清水駅より南側，巴川近くに位置しており，後に現在の位置に移転．

18.2 みなとの変遷とまちの関係

図18.1　国土地理院二万五千分の一地形図（清水・興津・静岡東部（2005（平成17）年更新）駒越（1991（平成3）年修正）に筆者加筆

うには奥まった位置にあるようにみえる．さらに土地条件図を調べていくと，巴川河口付近は江尻や入江のあたりまで砂州で形成されており，以前は地名どおり，河口であり入江であったといわれている（土, 1959）．

　徳川家康の時代に海上交通の拠点として，現在の港橋付近に港の機能を移転した．土砂の堆積により巴川河口がこのあたりまで移動していたのだ．1615（元和元）年には，清水湊の42軒の商人に廻船問屋の特権が幕府から与えられ，清水湊は駿府の外港として，また海の東海道の重要な中継地点として栄えた．甲州や信州の年貢米も富士川で川下げし，清水湊に集め，そこから江戸に運んだため，巴川河口の左岸にある「向島」とよばれていた砂州には，甲州廻米置場が設けられていた[*2]（図18.2）．

　川湊の歴史は，現在もしっかりと地域に刻まれている．たとえば，東海道から湊へ至る道筋は，「志ミづ道」とよばれ重要な輸送路となったが，現在でもほぼそのままのかたちで入江町から港橋まで残っている．江戸時代に隆盛をきわめた廻船問屋の蔵や商家も本町・上町周辺に残り，明治時代につくられた土蔵・石蔵も含め，一帯では現在も蔵が散見される．前述の次郎長商店街も，川湊として栄えた清水の中心市街地であり，間口が狭く奥行きの深い地割や巴川と通りを結ぶ路地の多さは，川湊として繁栄をきわめたまちの歴史を感じさせる．

b. 川湊から海港への変化と向島の開発

　前述の志ミづ道の終点，次郎長通りと向島（現在の港町）を結ぶ「港橋」という橋がある．幅員は片側1車線の比較的小さな橋なのだが，注意深くまちを歩き，歴史をひもとくと，この橋が港の近代化の始まりであり，現在の清水の臨海部を形成する重要な基準点であることがみえてくる．

　江戸時代は幕府保護のもとで栄えた清水湊であったが，明治維新により廻船問屋の特権は廃止

[*2]　甲州廻米置場は，現在でも一部が山梨県有地として巴川河岸に残っており，記念碑が設置されている．

●第18章　清水—地名にみる港町のおもしろさ

■図18.2　江戸時代の清水（江尻宿付近）（児玉，1980より筆者加筆．東京大学総合図書館所蔵）

■図18.3　清水の変遷（二万五千分の一の地形図の一部に筆者加筆）

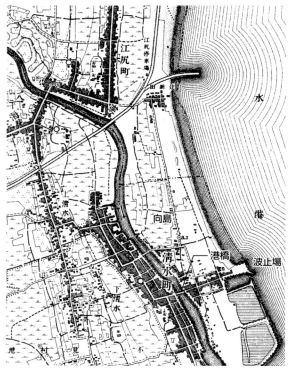

(a)明治22年測量・明治25年製版

される．東海道本線の建設も進められ，陸上大量輸送の時代も近づくなかで，特権を失った廻船問屋は一致団結して，川湊から外港へと清水港の近代化を試みた．江戸時代は向島とよばれ，砂州であった土地に民間の力で土地を購入し新しい波止場を建設する．ちなみに江戸末期の安政の大地震により向島が隆起し，巴川の川幅が狭まったことが記録に残っている．清水の港湾機能の二度目の移転は，時代の変化と地形の変化の両方に影響を受けての決断であった．その後の修築工事と比べても，外洋への進出は最も大きな変化であり，清水のまちの構造にも大きな変化を与えた（図18.3（a））．

民間の発意により，海に直接面した波止場をつくったが，廻船問屋の主要な施設や港湾の機能の一部は，巴川右岸に残っていた．港橋は，江戸時代の川湊の中心であった巴川右岸と，外洋に面する新しい波止場をつなぐ橋として，波止場築造と同時につくられた橋なのである．港橋から波止場へ向かう道は，波止場通りとよばれ，通りの両側

には新たに店が立ち並び始めた．波止場通りを骨格として両側の砂州は格子状に区画され，向島自体の市街化も始まる．1908（明治41）年には，静岡鉄道が現在の新清水から波止場に至る鉄道を開業，1924（大正13）年には先に述べた清水町と江尻町との合併もあり，砂州の先端に近い場所にできた波止場と東海道に沿って形成されていた江尻の間が急速に市街化する（図18.3（b））．

巴川を挟んで互いに対岸のまちであった江尻と清水は，向島を介して一つの市街地を形成していく．清水にも江尻にも近く，比較的大きな土地を確保しやすかった向島には，1931（昭和6）年に新市役所が建設され，1933（昭和8）年には清水市立病院が立地するなど公共施設の立地も進んだ（図18.3（c））．港橋から波止場通りを経て波止場へと至る都市軸は，砂州に座標軸を与え，向島が港の中心として発展していく礎となった．江戸時代には文字どおり「向こう」だった砂州が，波止場の築造と清水・江尻の合併を経て，新生清水市の中心となったのである．

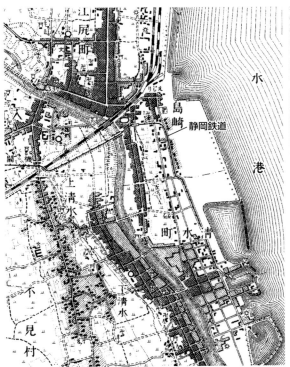
(b) 大正4年測量・大正8年発行

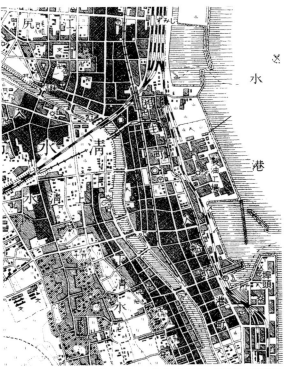
(c) 昭和15年修正測量・昭和23年資料修正・昭和24年発行

　波止場自体も，大正から昭和初期にかけて大規模な修築工事が進められ，外航船が接岸可能な「埠頭」へと進化した．明治の波止場を取り囲むように港の規模は拡大していくが，明治の波止場と波止場通が港町の基軸であり続けた．

　残念ながら1990年代初頭の埋立により，明治の波止場はほぼ完全に埋め立てられ，駐車場となってしまった．富士山を意識した新たな軸線もつけ加えられ，古くからの港町の基軸は少しわかりづらくなっている．それでもじっくりと現地を歩けば，その痕跡を発見することができる[*3]．

18.3　みなととまちのこれから

　日本の多くのまちと同様に，清水の市街地は，明治期から一貫して拡大を続けてきた．城下町のように中心から周辺への拡大ではなく，港の移動に伴ってまちが生まれ広がってきたことに清水の特徴がある．一方で近年の港湾施設は大型化と機械化が飛躍的に進み，後背市街地を形成するほどの人の流れは生まれない．清水港の主要な機能も郊外の袖師・興津埠頭へ移転しており，本章で取り上げた波止場や埠頭（日の出埠頭）の役割は縮小しつつある．人口の増加も期待できない状況で港の機能を失った港町は，どのような道を歩むことになるのか．港の論理で生まれた土地をまちに取り込むときに何を考えるべきなのか．歴史の積み重なりを知ることは，将来を考える第一歩でもある．

[黒瀬武史]

[*3] 現在でも，波止場の突端の駐車場の脇に，明治の石積みが残っており，地元では次郎長堤とよばれ，親しまれている．

[文献]

運輸省港湾局（編）(1951)：日本港湾修築史，港湾協会．
児玉幸多（監修）(1980)：『東海道分間延絵図 第七巻』，東京美術．
鈴与社史編集委員会（編）(1971)：鈴与百七十年史，鈴与．
土　隆一 (1959)：日本平とその周辺の地形発達史，地理学評論，32(12)．
内務省横濱土木出張所 (1938)：清水港修築工事誌，642-652．
ぶんかさろん・しみず (2009)：志ミづ道散策マップ．
本多丹彌（編）(1917)：静岡縣安倍郡清水町沿革誌，清水町．

豊田市足助

第19章

歴史的環境が切り拓く交流型まちづくりの可能性

19.1 足助の地域性と空間構造

a. 地形と街道が形づくる空間軸

　まち並みと香嵐渓で知られる足助のまちは，豊田市の中心部から東へ約20 kmに位置する山間の小都市である．旧足助町は2005（平成17）年に豊田市に編入され，人口は同市全体の2%にも満たないが[*1]，近世には「中馬街道」とよばれる中山道の脇往還の宿駅が設けられ，三河から信州へと運ばれる塩の中継地として，また農産物や木材などの物資が集まる在郷町として繁栄した．

　足助のまち並みは，中馬街道（伊那街道，通称「塩の道」）を骨格として，この付近で蛇行しながら巴川と合流する足助川の河岸段丘の上に形成されている．巴川の右岸を西からたどってきた街道は，足助川との合流点を過ぎたところで左岸へ，そして再び右岸へと，わずかな河岸段丘上の平地を結ぶように橋を渡る．そこに連なるのが，近世までに成立したとされる西町，新町，本町，田町の歴史的市街地であり，2011（平成23）年には愛知県内初の重要伝統的建造物群保存地区（以下，重伝建）に選定されている．

　地形的な制約のなかで町場が段階的に拡張してきたことは，足助川にかかる橋や，街道の折れ曲がりが四町の境界となっていることにもあらわれている．そのうち街道の軸が食い違う本町と田町

の境界付近（現在は県の施設が立地する山手の敷地）には，近世末期に本多氏の陣屋が置かれ，都市構造上の要となった．これらの四町は，西町の対岸に位置する足助八幡宮の例大祭「足助祭り」において巡行する山車を所有し，地域社会の伝統を受け継いでいる．

　明治期に入ると，新町西側の旧街道との短絡ルートや，田町東側の新道沿いにもまち並みが拡張し，現在の重伝建を構成する市街地ができあがる．昭和初期には足助川左岸に国道が開設され，通過交通は四町を迂回するようになるが，このことは街道沿いのまち並みが保全される要因の一つともなった（図19.1）．

b. 「縦軸」が補完する生活空間

　地形の等高線に沿った足助川と中馬街道の方向性を「横軸」とみなすならば，それに直交する河岸段丘の断面方向を「縦軸」ととらえることができる．「横軸」の骨格は広域的な交通動線としての街道であるが，そこから山側には宗恩寺やお釜稲荷など複数の寺社がまち並みを見守るように佇み，反対側の川沿いには遊歩道が整備され，落ち着いた居住環境が形成されている．これらの領域を結びつける「縦軸」の方向性は，いわば生活に密着した空間軸といえる．街道から山側，川側へと幾筋もの路地が通され，「マンリン小路（宗恩寺道）」「地蔵小路」「えびや小路」などの呼称で住民に親しまれるとともに，国道沿いのバス停や駐車場，小中学校がある左岸との間には，西町と

---

*1　2015年の国勢調査によれば，豊田市の全人口は422,542人，そのうち旧足助町は7,892人である．

新町をつなぐ街道筋を含め7本の橋がかけられ、住民の生活動線となっている。

現代にも、「縦軸」を補強する新たな動線が加わっている。1912（大正元）年の銀行建築を保存・活用した足助中馬館[*2]の裏手には、対岸の共同駐車場から歩行者専用橋（田町小橋）がかけられ、中馬館横の路地を通って街道へと抜けることができる。また2004（平成16）年に建て替えられた本町区民館にも、街道と山手の道を結ぶ通路が確保されている。

街道沿いに連なる短冊状の町屋敷のスケールでみると、敷地の奥行き方向が「縦軸」に相当する。河岸段丘の高低差があるため、街道から山側では敷地奥に向かって上り方向、川側では下り方向に、小さな階段を介しながら付属屋や土蔵などが連なる形態は特徴的である。とりわけ街道と川との間隔が狭まる新町や田町では、川沿いにも家屋が建て込み、川に面する座敷に設けられた桟敷状の張り出しや、家屋の基壇となる石垣、水辺に降りるための階段などが景観を特徴づける。足助川はかつて洗濯場として利用されるなど、地域の日常生活に欠くことのできない存在であったことをうかがわせる[*3]。

一方で、本町界隈では足助川が湾曲し、空間の奥行きにゆとりがある。なかでも重要文化財に指定された旧鈴木家（紙屋）は、街道沿いの主屋をはじめ、座敷や蔵など17棟もの建造物とそれら

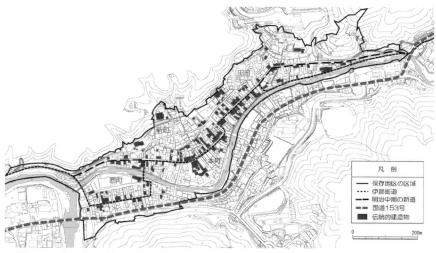

■図19.1　豊田市足助伝統的建造物群保存地区の範囲

を取り巻く庭が、広大な屋敷地に配されている。また、街道と平行する山側の界隈には、大正から昭和初期にかけて花街が繁栄し、いまもかつての料理屋などの建物が、当時の面影を伝えている。

このように「縦軸」を手がかりとすることで、街道沿いのまち並みからは把握できない、生活空間の豊かさやまちの繁栄の記憶をうかがい知ることができる（図19.2）。

■図19.2　田口邸の敷地内の平面構成
「足助のまち並み―伝統的建造物群保存地区調査報告―」掲載の図に加筆したもの。

[*2] 旧稲橋銀行の建物を取り壊して駐車場化する計画が持ち上がったのを機に、足助の町並みを守る会が保存運動をおこない、旧足助町によって1982（昭和57）年に郷土資料館として開館している。

[*3] 現在はそうした利用はみられないが、1986（昭和61）年には「足助の川を守る会」が発足し、住民らによる清掃や水質浄化の取り組みが続けられている。

●第19章　豊田市足助―歴史的環境が切り拓く交流型まちづくりの可能性

19.2　足助の歩みを映し出すまち並み

a. まちの機能と生業の変化

　中馬街道沿いに連なる，塗り籠めの白壁と，妻入りと平入りの混在に特徴がみられる足助のまち並みは，おもに近世後期から明治期にかけて成立したものである．宿駅・在郷町として繁栄した足助のまちは，明治期には国鉄中央線のルートから外れたことで，交通の要衝としての役割を終えて山間の小都市となる．その後，昭和初期にはまちを挙げて飯盛山・巴川の景勝地づくりに取り組み，現在も紅葉の名所として知られる「香嵐渓」が誕生する．

　行楽客が香嵐渓を訪れるようになり，歓楽型商業地として発展していた1931（昭和6）年の足助の案内図をみると，バスが乗り入れるようになった足助のまち並みには9軒の旅館が，さらに香嵐渓へと続く道沿いには多くの売店や食堂が示され，当時のにぎわいの様子をみることができる（図19.3）．

　戦後の昭和30年代は，街道筋が商店街としてにぎわいをみせた時期である．当時は西町の劇場，本町のパチンコ屋，田町のゲーム屋などの娯楽施設もあり，特に田町は「銀座商店街」とよばれ，周辺の農村部からも多くのひとびとが買い物や遊びに足助を訪れたといわれる*4．

　高度成長期を経て，1970（昭和45）年に旧足助町は過疎地域に指定されるなど，人口流出が進んだ．街道筋は近隣商店街として維持されながらも，次第に店舗から専用住宅に転換した建物が多くみられるようになり，かつては多くみられた旅館も減少していった．

　近年は空き家の増加が大きな問題となっているが，空き家情報の提供や体験住宅などの定住支援の取り組みが進められるとともに，低未利用の建物や敷地を，地域の交流施設や観光客向けの店舗に転換する例もあらわれている．豊田市中心部から1時間圏内に位置し，歴史文化と自然に恵まれ

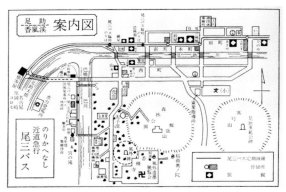

■ 図19.3　1931（昭和6）年の足助案内図

た立地条件を活かしながら，まちなかの生活環境をいかに維持するかが問われている．

b. まち並みの表情をとらえる

　足助では，「保全を開発と信じるまち」をうたった町民憲章（1973年）の制定や，「足助の町並みを守る会」（以下，守る会）の発足（1975年），足助中馬館（旧稲橋銀行）の保存などを契機として，歴史性と生活感のある佇まいを大切にしながら，官民一体となってまち並み保全が進められてきた．中馬街道沿いに位置する豊田信用金庫や足助郵便局は，守る会の要請によりまち並みに調和した白壁の外観で建て替えられ，1990年代には「街なみ環境整備事業」によりマンリン小路などの修景がおこなわれた．重伝建地区の選定後は，建築物の修理・修景事業とともに，電線地中化などの街路環境の整備も進められている（図19.4）．

　受け継がれたまち並みに生き生きとした表情を与えるのが，軒先のしつらえである．足助の店構えを特徴づけるショーウィンドウは，かつての経済力をうかがわせる大きな曲面ガラスのものや，伝統的な腰壁付きのもの，近年の全面ガラス張りのものまで，さまざまなタイプのものがみられる．それらの個性豊かな形態に加え，四季に応じて演出がおこなわれるディスプレイは，店主の創意工夫やもてなしの心づかいを感じさせる（図19.5）．

　さらに，住民の手による植木鉢の花や緑，市の助成を受けて住民発意で作製された木製のベンチも，軒先の表情づくりに寄与している．足助四町では，まちごとにデザインの異なる街灯が設置さ

---

*4　2009年に東京大学都市デザイン研究室が実施した住民らへのヒアリングによる．

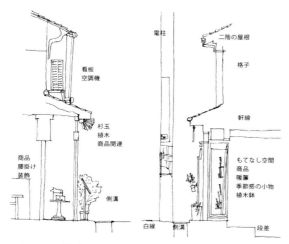

■図19.4　街道沿いの軒先の構成要素

■図19.5　個性豊かなショーウィンドウ

れ，まち並みの一体感に寄与している．

　一方で，まち並みを分断する青空駐車場や，軒先の表情を隠す路上駐車など，車社会に起因する問題も顕在化しており，公共交通によるアクセスや適切な駐車場の配置など，交通環境のマネジメントは，まち並みの表情を活かすうえでも重要な課題である．

19.3　まち並みと交流型観光

a. 通年型観光を目指す取り組み

　1970年代から独自のまち並み保存を進めてきた足助であるが，戦前から現在に至るまで，多くの観光客を集めるのは，巴川沿いの景勝地・香嵐渓である．その一角には，1980（昭和55）年に三州足助屋敷が整備され，カタクリの群生地や体験宿泊施設「足助村」など，通年で来訪者を受け入れる環境も整備されている．とはいえ，入り込み客数のピークは秋の紅葉シーズンであり，「香嵐渓もみじまつり」が開催される11月の週末には，国道が渋滞するほどの観光客が訪れる．一方で，巴川を挟んで宮町と西町の国道沿いに設けられた香嵐渓の入口は，豊田市中心部や名古屋方面からみてまち並みの手前に位置するため，香嵐渓からまち並みへの人の流れを生み出しにくい．

　こうした状況に対し，秋の香嵐渓を中心とした季節型の観光から，まち並みを取り込んだ通年型観光に転換するための仕掛けとして，2000（平成12）年前後から，まち並みを歩いて楽しむイベントが開催されている．2月から3月上旬にかけて，街道沿いの町家に雛人形を飾る「中馬のおひなさん」，手作りの籠型の行灯（たんころ）を軒先に並べ，夕暮れから夜にかけてのまち並みを演出する「たんころりん」，町家に展示された若手作家の作品を鑑賞しながら歩く「足助の町並み芸術さんぽ」などである．なかでも1999（平成11）年から開始された「中馬のおひなさん」は多くのひとびとが訪れ，春の風物詩として定着しつつある．しかしこの場合も，まち並みを訪れるひとびとはイベント期間に集中し，持続的なまち並み観光をいかに展開するかが課題となる．

b. 地域資源としての生活空間

　すでに述べたように，足助のまちは，表情豊かな街道沿いのまち並みとともに，「縦軸」となる奥行き方向の空間構成に特色がみられる．地形の起伏に応じながら密度高く構築された生活空間の豊かさは，街道筋を歩くだけでは実感しにくいものであるが，路地や川沿いの遊歩道，裏道などに足を向け，さらには町家の敷地内部へ足を踏み入れることで，より深く体感することができる．

　足助には，奥行きのある建物の内部を来訪者に公開し，その魅力を伝える店舗や家屋が存在する．足助のまち並みのみどころの一つとなっているマンリン小路の名前は，角地に佇むマンリン書店に由来する．坂をなす小路に沿った敷地は，手前の店舗から奥に向かって傾斜し，古い蔵を活用した「蔵の中ギャラリー」の魅力的な展示作品と

●第19章　豊田市足助─歴史的環境が切り拓く交流型まちづくりの可能性

■図19.6　通りに対して開放された旧商家の土間

相まって，足助の暮らしの豊かさを伝えている．このほかにも，足助のまちなかには，通りに面する座敷や土間，川沿いの裏庭を自主的に開放する店舗や旧商家などもみられる．歴史の趣がありながらも普段着の生活空間の価値を，自らが発見しながら磨き上げることで，来訪者を惹きつける魅力的な場が育まれている．こうした地域の人々の心配りに接することで，足助のまち並み体験はより印象深いものになる（図19.6）．

c.「うちめぐり」を通じた交流型まちづくりの検証

2005（平成17）年の合併以降，豊田市の観光施策のなかでも，香嵐渓と歴史的まち並みを有する足助は重要な観光拠点として位置づけられている．2009（平成21）年には豊田市景観計画が策定され，重伝建地区の選定に向けて舵が切られることとなった．

合併を機に，足助地区のまちづくりの推進母体として「足助まちづくり推進協議会」が設立され，その住民部会の一つである「まちづくり部会」では，足助で調査を重ねてきた東京大学都市デザイン研究室とともに，重伝建地区の選定後のまちの将来像に関する検討をおこなった．そのなかで，歴史ある生活空間を活かした観光客の受け入れが一つの柱になることが確認され，それを実現するための試みとして，町家などの生活空間の一部を公開し，住民自身が案内する社会実験「あすけうちめぐり」が企画された．

これは，まち並みの「うちがわ」にある土間や座敷，中庭などの生活空間に光を当て，その公開・案内を通じた来訪者との交流の創出を意図したものであり，単なるイベントではなく，交流型まちづくりの可能性を検証するための「社会実験」として位置づけられた．なるべく多くの参加者を得るため，紅葉シーズンの香嵐渓からの観光客をまち並みに誘導することとし，11月中旬の土日の2日間が実施期間となった．

公開する店舗や家屋については，街道沿いを中心に計25軒の協力が得られ，西町の足助交流館前に案内所（受付）を設けて出発点とし，田町の小出邸を終着点とするメインルートが設定された．4軒の公開建物にも受付を設けるとともに，そのうち本町の田口邸と終着点の小出邸では，足助の歴史やまちづくりに関するパネル展示も行い，うちめぐりの拠点として位置づけた．

さらに，生活空間を不特定多数の観光客に公開するさいの対策として，受付で参加者にルールを説明するとともに，説明を受けた参加者を判別できるよう，パスポートを携帯して巡ってもらうなどの工夫をおこなった．こうした仕組みのもとで，参加者は，公開建物や路地などのみどころが掲載されたマップを片手に「うちめぐり」へと出発することとなる（図19.7）．

企画・準備はまちづくり部会と大学研究室メンバーが中心となったが，公開協力者の募集は自治区を通じておこなわれ，さらに豊田市足助支所，足助公社，商工会，商店街組合，観光協会からも，場所の提供やテント設置，宣伝，マップ配布などの協力を得ることができ，生活サイドと観光・商工サイドの主体が連携する体制がつくられた．当日の運営には観光ボランティアや中学校の生徒たちも加わっている（図19.8）．

結果として，2日間で700人もの参加者があり，そのうち8割近くからアンケートの回答が得られた．大半の参加者から好評を得る結果となり，住民らの説明に耳を傾けながら，生活空間の魅力に触れる観光スタイルが成立しうることが確認された．参加者の滞在時間は平均1時間40分であり[5]，半数以上がまち並みの東端に位置する小出邸まで足を運んだことも明らかとなり，四町全体での回遊行動が促されたことも大きな成果となっ

---

[5] 受付時からアンケート回収時までの時間をもとに算出しており，実際の滞在時間はこれよりも長いと考えられる．

19.3 まち並みと交流型観光

■図19.8 あすけうちめぐり（2010年）の様子

■図19.7 あすけうちめぐり（2010年）のパンフレット

た（図19.9）．

一方，地元協力者に対するアンケートからは，地域内での周知や，準備・運営時の負担といった課題がみられるものの，観光客のマナーのよさや，観光客との会話を楽しめたという声も多く聞かれ，好意的に受け止めていることも確認された．

こうした結果を受けて，2011（平成23）年以降，「あすけうちめぐり」は観光協会が主催し，地元中学生が案内する秋の催しとして受け継がれた．他のイベントとの同時開催となるなどの変化もみられるが，地域の身の丈にあった運営により継続することで，生活空間を通じた交流のあり方が少しずつ地域に浸透していくことが期待される．

d．交流を手がかりとした町場の再生

中馬街道とともに成立した足助のまちは，他地域との交流によって発展してきた．近世に由来する歴史的環境を受け継ぎながらも，大正期には行楽・歓楽型の観光を導入し，昭和40年代以降は「山里」の生活文化を活かすなど，「交流」のあり方や舞台は，地域を取り巻く社会状況に応じて，内発的に変化している．まちに受け継がれる生活空間を舞台とした新たな観光は，かつての宿駅・在郷町を支えた交流機能を現代の文脈のもとで再構築することにつながる．歴史に培われた生活・生業と空間体験を通じた来訪者との交流は，足助のまちなかを暮らしの場として持続させる上でも重要な手がかりとなるだろう．

[永瀬節治]

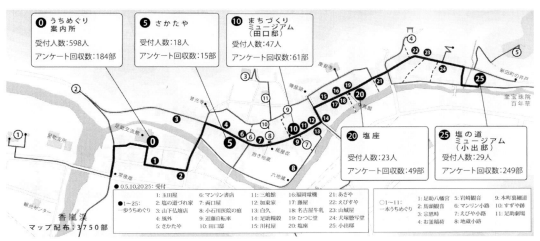
■図19.9 あすけうちめぐり（2010年）の公開家屋とアンケート回収部数

名古屋

第20章 旧軍用地の転用にみるまちづくり

　わが国の都市計画史上，最も大規模に進められた国有地の転用は，終戦に伴って出現した旧軍用地の転用であろう．終戦まで陸軍部隊が駐屯していた都市だけでも全国に71都市あり，さらに，そのうち32都市は都道府県庁所在都市でもある．旧軍用地転用は，わが国の多くの主要都市に共通してみられた都市計画的課題であり，大規模国有地転用による市街地形成の実践例である．そこで，その旧軍用地転用がどのようにおこなわれていったのか，陸軍第3師団配下の多くの陸軍部隊や陸軍造兵廠などが展開する軍都であった名古屋を例として，読み解いてみたい．

20.1 名古屋の旧軍用地と戦災復興計画

　名古屋は，1873（明治6）年に治安維持のための鎮台（1888年に師団へ改組）が置かれて軍都となった．そして，終戦時には都心部（城址），市街地縁辺部，郊外部のおのおのに大規模な旧軍用地が残された．また，戦災復興にあたり，かつて内務省名古屋土木出張所長であった田淵寿郎を技監として迎え，100 m道路を始めとした大胆な戦災復興計画が立案されたが，その過程で旧軍用地についてもさまざまに検討されていた．具体的には，都心部の名古屋城址地区，市街地縁辺部の千種地区，郊外部の猫ヶ洞地区は，公園あるいは墓苑として，市街地縁辺部の熱田地区は工業地域として位置づけられた（図20.1）．つぎからは史

実をもとに，それぞれの地区の転用過程と転用結果を読み解いていく．

　なお，旧軍用地の範囲については，1933（昭和8）年発行の地形図『名古屋北部』『名古屋南部』，1940（昭和15）年発行の「名古屋市全図」（地図資料編纂会，1986），「名城郭内第3師団司令部周辺旧軍施設図」（東海財務局，1970）を使用して推定している．

20.2 名古屋城址地区の旧軍用地の転用

a. 名城公園への転用

　名古屋城址は，名古屋離宮であった本丸と，愛知県庁と名古屋市役所の置かれていた三の丸の一角（1928年の騎兵第3連隊移転の跡地）を除き，陸軍用地であった．そして，1947（昭和22）年の戦災復興計画では，城址のほぼ全域が名城公園として計画決定された．前年に出されていた戦災復興院の通牒に従えば，北練兵場や東練兵場といった建物の少ない旧軍用地だけが公園区域となるはずだが，師団司令部などの官衙や兵営，陸軍病院までも公園区域に含めたことに，平時では既成市街地内で新たに確保することが困難な公園用地を，積極的に確保しようとした意図が読み取れる．また，1926（大正15）年の最初の都市計画決定のさいに名城公園として都市計画愛知地方委員会に付議されたものの軍用地であるために削除された点（名古屋市計画局・名古屋都市センター，

20.3 千種地区の旧軍用地の転用

■図20.1 戦災復興計画と各旧軍用地の転用結果（今村・西村, 2007）

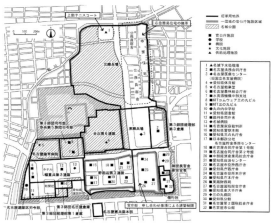

■図20.2 名古屋城址地区の現況（2005）（今村, 2017）

1999），戦前から城址全域を風致地区に指定していた点，大事な場所なので都市計画行政として「大部分を公園ということにして押さえた」（田淵, 1962）という留保地的発想も背景にあった．

しかし，この公園計画は，後述する官庁街計画によって縮小を余儀なくされる．さらに，終戦直後から応急簡易住宅用地となっていた北練兵場跡地の東側は公務員宿舎や市営住宅として，東練兵場跡地は国立名古屋病院として，継続的に利用されることとなり，1950（昭和25）年に公園区域から削除された．また，北練兵場跡地の西側には下水処理場が計画決定（1964）され，公園区域から削除された．しかし，もともとこの区域にテニスコートを設ける公園設計であった（『名古屋都市計画公園変更並びに追加について（1958年1月14日）』所収の「附図第十一号　名城公園計画図」による）ことに鑑み，下水処理施設上部にはテニスコートが整備された．

b. 官庁街への転用

1951（昭和26）年，第3師団司令部・歩兵第5旅団司令部跡地に，人事院名古屋地方事務所の建設要望が出されたことを契機として，三の丸一帯

の利用について，東海財務局，愛知県，名古屋市の三者で官公庁地区構想の検討が始められた（名古屋市計画局・名古屋都市センター，1999）．1953（昭和28）年にブロック割が決定され，三の丸一帯は公園区域から削除されて都市計画街路の追加が行われ，1959（昭和34）年には一団地の官公庁施設が計画決定されて，整備が進められた．

なお，官庁街の建設にあたっては，戦前から風致地区の区域であり，戦災復興計画で決定した公園区域から削除したことから，郭内処理委員会（東海財務局，中部地方建設局，愛知県，名古屋市で構成）において，壁面線後退による前庭の創出や内庭の緑化，建築物の高さ規制，電線などの地下埋設などについての申し合わせ事項を定め，美観風致に配慮した公園的雰囲気の形成がめざされた（営繕協会，1986）．

こうして名古屋城址地区は，大規模な城址公園である名城公園と，整然とした官庁街が隣接する名古屋の顔として生まれ変わった（図20.2）．また，一度は全域が公園として計画決定されたことから，官庁街の申し合わせ事項や下水処理施設上部のテニスコート設置など，公園的な雰囲気が漂うようにデザインされている．

20.3 千種地区の旧軍用地の転用

市街地東側の縁辺部にあたる千種地区には，名

● 第20章　名古屋—旧軍用地の転用にみるまちづくり

古屋兵器補給廠と名古屋造兵廠千種製造所が隣り合って置かれていた．戦災復興計画においては，千種公園（約40 ha）として，市街地東部の基幹的な大規模公園として計画されたことがわかる．一方，空襲から焼け残った倉庫もあったため，旧軍建物を校舎に転用するという国の方針に従い，名古屋兵器補給廠跡地には，1946（昭和21）年に愛知県立工業専門学校（現名古屋工業大学），1947（昭和22）年に名古屋女子商業学校（現名古屋経済大学市邨高校）が移転してきた．両校とも罹災し，代替校舎として残存する旧軍倉庫に目をつけたのであった．当初，こうした利用は一時的なはずであったが，新たな移転用地の確保が困難なことから，利用継続を認めざるを得なくなり，さらに戦災復興が進むなかで増加したさまざまな施設需要にも応えるかたちで，公園計画は1954（昭和29）年に5.8 haにまで縮小された．

こうして千種地区は，中・高・大・盲・聾学校，公務員宿舎，市営住宅が集積し，千種公園，東市民病院（現市立東部医療センター）を擁する文教・住宅市街地となった（図20.3）．また，兵器補給廠跡地は，公園計画区域から削除された後も復興土地区画整理事業区域に編入されなかったため，街区形状が不整形なままで，なかには兵器補給廠時代の構内道路や水路跡を利用したと思われる道路もみられる．

20.4 熱田地区の旧軍用地の転用

市街地南側の縁辺部にあたる熱田地区には，名古屋造兵廠熱田製造所と高蔵製造所が隣り合って置かれていた．戦災復興計画においては，千種地区のように公園として決定されることなく，復興土地区画整理事業区域とされた．熱田地区周辺には，熱田神宮のほか，戦前から白鳥公園（約19 ha），熱田公園（約5 ha）が配されていたことから，公園は十分と考えられたのであろう（図20.1）．また，昭和30年代まで輸送の中心は水運であり，熱田地区に隣接する新堀川運河の存在は，工業用地に適する計画条件として大きかった

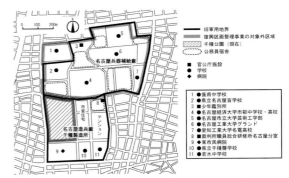

■図20.3　千種地区の現況（2005）（今村，2017）

と思われる．1951（昭和26）年の用途地域変更では，工業地域が新堀川沿いに指定されており，貨物駅でもある熱田駅に隣接する熱田地区の旧軍用地は，水陸双方の輸送が利用できる好条件を備えていたのである（図20.1）．

1950年代以降，熱田地区は民間事業者に払い下げられ，大同製鋼や日本碍子などの大規模工場を含む産業拠点として復活した．しかし，1968（昭和43）年には熱田神宮外苑土地開発によって，公害防止のために工場を移転させ，跡地を明治神宮外苑のような大緑地帯とする「熱田神宮外苑開発計画」がつくられたように，比較的早くから再開発の動きがあらわれた（名古屋市計画局・名古屋都市センター，1999）．この構想は事業化されなかったが，名古屋市および住宅・都市整備公団によって引き継がれ，1979（昭和54）年に特定市街地総合整備促進事業として結実する．これにより熱田製造所跡地の東側には，神宮東公園と公団住宅（現UR住宅）が整備された．さらに近年も，工場跡地を転用した大規模商業施設，高校移転跡地を転用した高層マンションなど，大規模な土地利用転換が進んでいる．

このように，熱田地区は，いったんは大規模工業地として陸軍造兵廠時代の土地利用が引き継がれたが，民有地となったために土地利用転換が起きやすい状態に置かれ，工場などの移転により再転用されたことで，工業地に商業施設や住宅地が混ざった土地利用が出現した（図20.4）．

20.5 猫ヶ洞地区の旧軍用地の転用

■図20.4 熱田地区の現況（2005）（今村，2017）

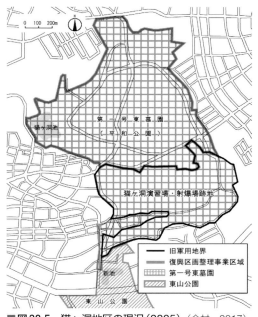

■図20.5 猫ヶ洞地区の現況（2005）（今村，2017）

20.5 猫ヶ洞地区の旧軍用地の転用

　市街地東郊の丘陵地には，演習場・射爆場として使用されていた陸軍用地があった（猫ヶ洞地区）．そしてこの猫ヶ洞地区は，名古屋市の戦災復興計画において，2本の100 m道路と並ぶ目玉事業である墓地移転の計画地となった．墓地移転計画とは，既成市街地内に散在する墓地を郊外の1カ所に集約するという計画で，1947（昭和22）年，北側に隣接する民有地とあわせて，東墓苑（約114 ha）として決定された．当時，猫ヶ洞地区は，すでに農地営団が開拓用地として愛知県から了承を得ていたが，名古屋市技監田淵寿郎らの働きかけで，墓地公園へと変更されたという経緯があった（田淵，1962）．この墓苑は，通称「平和公園」とよばれているが，戦前からの風致地区指定や，演習場を緑地として決定するという戦災復興院通牒に鑑みて，従来の暗いジメジメした墓地のイメージを一掃し，美観風致に配慮した明るいイメージの墓地公園として計画されたものであった．しかも，この東墓苑は，公園緑地系統の一部として計画されたことが読み取れる．猫ヶ洞地区の南隣りには，東山公園が戦前より計画・事業化されていた．これに連続するように猫ヶ洞地区を墓地公園として整備することで，東山公園と合わせて南北4kmに及ぶ大規模な緑地帯が生み出された（図20.5）．これを布石として，後年，西を庄内川の緑地，北を矢田川の緑地，東を東墓苑・東山公園，南を天白川の緑地によって取り囲む環状の公園緑地系統が実現したのである．

　名古屋市内の旧軍用地は，戦災復興院による緑地決定の指示を柱としながら，公園配置のバランスや工業用地の計画条件も勘案したうえで，戦災復興計画で位置づけられた．具体的には公園緑地系統の構築という色合いの強い計画であった．その後，罹災対応や施設需要への対応に迫られ，公園計画は縮小を余儀なくされたが，一部では，公園的な雰囲気を残す工夫がなされており，当初構想した公園緑地系統を実現しようとしていたことがうかがえる．

[今村洋一]

[文献]

今村洋一（2017）：『旧軍用地と戦後復興』，中央公論美術出版
今村洋一・西村幸夫（2007）：「旧軍用地の転活用が戦後の都市構造再編に与えた影響について－名古屋市を事例として－」『都市計画論文集』，vol.42, No.1, 日本都市計画学会．
営繕協会（1986）：『営繕事業三十五年史』，中部建設協会．
田淵寿郎（1962）：『或る土木技師の半自叙伝』，中部経済連合会．
名古屋市計画局・(財)名古屋都市センター（編著）（1999）：『名古屋都市計画史』，(財)名古屋都市センター．

淡路島津井

第21章 瓦産業の再生とだるま窯の取り組み

21.1 研究テーマとフィールドを発見する

2007（平成19）年，福岡県八女市福島の重要伝統的建造物群保存地区内に立地する町家の瓦屋根を葺き替えにかかわったさい，現代の日本の瓦が抱える三つの問題に直面した．

はじめに，かつて全国津々浦々に存在した瓦産業が衰退したことによって，地域固有の瓦が消滅しつつある．葺き替え前後で瓦の産地が異なる場合，役物瓦を含めて形状の異なる瓦がまち並みに影響を及ぼす．八女の事例では，地元の城島瓦の使用がむずかしいため，2005（平成17）年頃から三州，岐阜，菊間（愛媛），淡路島など葺き替えで使用する瓦を探す過程で，瓦産業の現状調査をおこなった．つぎに，葺き土を用いる湿式工法から，屋根荷重を軽くするために葺き土をおろす乾式工法への変化である．葺き土が果たしている性能評価も含めて，工法の変化が及ぼす熱性能への影響を分析する必要性を感じ，環境工学分野と共同で研究を始めた．そして，瓦のテクスチャーである．写真家・瓦師である山田脩二が撮る地方の風景（山田，2010）がもつ瓦一枚一枚が微妙に違う表情とは対照的に，JIS規格でコントロールされる現代の瓦は機械化された製造工程のため，均質化した工業製品であり，すべて同じ風合いとなる．手づくりの瓦とは異なり，土地土地の土の表情がでない現代の瓦がまち並みへ及ぼす影響は大きい．製造方法の変化が瓦の物性にどのような

変化を及ぼしているかも課題である．

このように，瓦屋根の熱環境性能から景観における素材の問題まで，建築・都市計画分野を横断するように，多岐にわたる現代における瓦研究のテーマを発見するに至った．しかし，瓦の土採りから焼成まで，瓦産業を理解しなければ瓦の家並みを議論できないと考え，淡路島の代表的な瓦集落である津井を研究フィールドとした．ちょうどその時，津井では山田らによってだるま窯（図21.1）を再興する活動が始まっていた．

21.2 地域と交わる─だるま窯の復元とDGプロジェクト「脩」

淡路島津井は，かつて交番以外はすべて瓦産業の関係者といわれたほど瓦産業とともに生きてきた町である．淡路島は，いぶし瓦をおもに生産する．いぶし瓦とは，窯の中を無酸素状態にし，瓦表面に炭素の薄膜をつくったグレーあるいは銀色の瓦である．だるま窯では，二つある焚き口から最後の工程で，松葉を入れ，燃料の薪を投入後，砂で密閉することで，瓦はいぶされる．だるま窯は，高度成長期頃まで津井にも約200基あったといわれている．もし残っていたら，土を採ることで変化してきた大地の風景とともに，美しい産業遺構になっただろう．1973（昭和48）年，住宅着工件数は190万戸を超えた．大量生産のために，トンネル窯に代表されるガスで焼成する機械が導入され，丸一日かかって1000枚程度の瓦し

か焼くことができないだるま窯は時代遅れの道具になった．何より，ガス窯に代表される機械化は，重労働を軽減した．農地の宅地化が進む高度成長期，瓦産業の近くに次々と住宅地が現れ，だるま窯の煙突から出る煙が，洗濯物を汚すなど嫌悪されたことも遠因した．

このようにして消えていっただるま窯を山田脩二らは再興するという．選定保存技術者である故小林章男に学び，地元の長老から助言を受けながら，窯づくりを統括したのは平池信行である．瓦師だけでなく，左官，建築家など多様な専門家が津井には集う．それゆえ，瓦産業が抱える課題がみえる．瓦をつくれば売れる時代は終わった．家といえば必ず瓦屋根でもない．では，斜陽化する瓦産業は，どうすれば再生できるか．山田を中心とする有志の会DGプロジェクト「脩」（2008年から津井地区におけるだるま窯による瓦焼成の再興を目指す活動）の問題意識と私たちの研究課題は同じである．だから，津井の若い瓦師のように，私たちもだるま窯に参加した．

2008（平成20）年春，だるま窯の完成後，だるま窯を覆う窯鞘の建設を地域でおこなった．建築行為には，地域コミュニティのかたちを風景化する力がある．だるま窯で瓦を焼くことだけでなく，だるま窯をつくろうという意志が具体化するプロセスにどのようにひとびとがかかわるか，それこそが大切なひとづくり，まちづくりである．24時間かかる焼成過程で，だるま窯が集落のメインストリートに面して立地するため，集落の居住者とコミュニケーションが生まれ，だるま窯はまちの縁側になる．さらに，焼成後三日くらいすると，適温になっただるま窯で幼稚園児と一緒に焼き芋をつくり，だるま窯の横に板でつくった即席の長椅子に座って，みんなで食べる（図21.1）．地域と交わり観察することで，だるま窯はいままでにない地域コミュニティのハブになれるかもしれないと，より理解が深まる．

■図21.1　だるま窯

21.3　産業を調査し，まちを知る—だるま窯の遺構と瓦産業の構造

だるま窯を建設から瓦焼成をとおした地域との交流に加えて，雑誌『住宅建築』の特集「脱近代の狼煙—達磨窯」（2009）において，私たちが担当しただるま窯の復元にかかわったひとびとへのインタビュー取材を通して，フィールドサーベイをおこなうためのプラットフォームができあがった．2008（平成20）年度，研究室の卒業制作において津井の再生を提案するために，津井における瓦産業（工場）の悉皆調査（約60軒）と一つだけ残っていただるま窯遺構の実測調査を行った．図21.2に示すように，土置場・荒地製作場，倉庫，窯場がコの字型に構成され，そのオープンスペースが干場となる．土置場の土を土練機で荒地にし，プレスした成型を干場で乾燥させ，白地をつくる．その後，窯で焼いた瓦が倉庫で保管されるという反時計回りの製造工程であったと考えられる．窯はだるま窯に煙突のついた倒焔窯といわれる形式で，煙突を出すために寄棟の瓦屋根上部が切り落とされている．このような屋根形状や空間構成は，津井の古い瓦工場でみられた特徴である．併設される住宅とともに，瓦をつくる集落の瓦による風景は，現在の特徴のない工場群とは異なる，産業がつくる地域景観であったことが想像される．（『住宅建築』，2009）

2009（平成21）年の補足調査では，津井の瓦産業には「谷」という独特の地域構造があることが明らかになった．津井は大きな瓦屋があるというよりも，小さな瓦屋が集合して，仕事をする．

● 第21章　淡路島津井─瓦産業の再生とだるま窯の取り組み

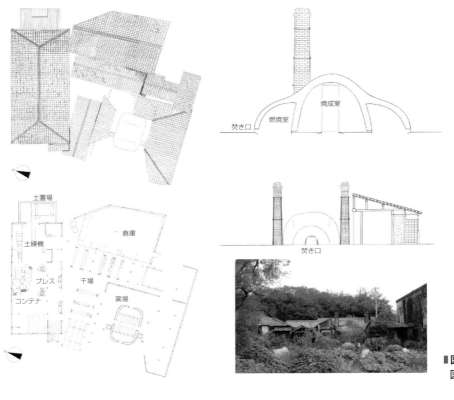

■図21.2　だるま窯の遺構
図面（図：富岡航一郎）

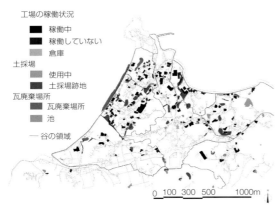

■図21.3　津井集落の工場分布

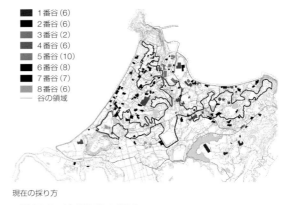

■図21.4　津井集落の「谷」

たとえば，鬼瓦であったり，役物瓦であったりという具合に，個々の瓦屋はそれぞれ得意な分野がある．そこで，大きな瓦屋根を受ける場合には，この谷が一つの組織となって元請けを中心に，協同的分業をおこなう．谷と呼ばれるギルドのようなコミュニティをつくるのだ．つまり，谷とは職業的互助組織である．津井には八つの谷があり，それが地形的空間構造ともリンクしている（図21.3，図21.4）．土採りから土練，荒地・白地の成形，そして焼成，さらには瓦の種類とその連携のかたちを図示できた．

104

21.4 瓦師と協働する―手づくり瓦の再現および環境工学との共同研究

　昔は足で土を踏んで土を練るから有空の瓦，いまは，正反対の真空土練機を使う．そのことが瓦の物性値を変えているのではないかと仮説を立て，水銀ポロシメーターによる分析をおこなった（坂口ほか，2012）．しかし，これらのデータは現代の新しい瓦と，数十年前にだるま窯でつくられた古い瓦を比較したもので，物性値の違いは経年変化による違いという指摘に答えられない問題を抱えていた．2011（平成23）年6月から9月に300枚，DGプロジェクト「脩」に有空土練の手づくり瓦の制作を依頼した．100年近く前の瓦の製造方法を復元した．土には砂入りと粘土のみを用意し，ガス窯とだるま窯と両方で焼いた．多くの瓦師と一緒に土を練り，手でかたどり，熱性能を大学の試験体で比較分析するため，その瓦は若手の瓦師に葺いてもらった（図21.5）．分業化が進んだ瓦産業において，製造と施工が再度，統合されるべきだと考えているので，瓦をつくる人が瓦を葺けば，材料や流通の無駄を減らすことができる．そのアイデアを試行した．環境工学との共同研究の結果，手で土を練ること，すなわち有空が多孔性と関連することや，低温焼成で有空土練であれば，吸水率が高く，熱伝導抵抗値が高い瓦になることがわかってきている（坂口ほか，2012）．瓦という素材に着眼することで，環境工学や建築計画，都市計画と学問分野の協働が促される．そして，研究・開発・設計の密接な関連性もみえてくる．この研究は途上であるが，瓦が教えてくれた研究手法は温故知新で普遍的であると思う．　　　　　　　　　　　　　［木下　光］

[文献]
玉井悠嗣・木下光（2009）：「八女福島地区における屋根葺替え工事前後の瓦の形態変化に関する研究―街なみ環境整備事業地区及び重要伝統的建造物群保存地区を対象として―」，日本建築学会計画系論文集No.644，2303-2309
脱近代の狼煙―達磨窯（2009）：住宅特集2009年3月号，72-117．
津井地区まちづくり推進協議会（2012）：津井瓦誌．

■図21.5　手づくり有空瓦の作業風景と試験体
上からたたら，白地，焼成，一番下は，関西大学キャンパスに設置し，環境性能を比較分析する試験体．

福山市鞆の浦

第22章

『鞆雑誌』 まちに寄り添いながら，まちを読み続ける

　広島県福山市に位置する鞆の浦は，かつて朝鮮通信使をして「日東一景勝」（日本で一番美しい景観）といわしめた港湾風景をいまに伝える，瀬戸内海随一の歴史的な港湾都市である．2016（平成28）年4月25日，その歴史的な港湾の一部を埋め立て，道路橋を建設する公共事業をめぐる「鞆の浦世界遺産訴訟」の勝利報告会が開催された．この訴訟は2007（平成19）年4月に地元の住民組織「鞆の世界遺産実現と活力あるまちづくりをめざす住民の会」が事業主体である広島県を訴えたもので，10年近くにわたる歳月を経て，2016年2月に広島県が埋立て免許申請の取り下げをおこなったことで和解に至った．埋立て架橋事業自体の構想の起源は，さらにいまから30年以上前までさかのぼる．

22.1 鞆プロジェクトの始まり

　1983（昭和58）年の10月に広島県は福山港地方港湾審議会の答申を受け，埋立てと架橋を主眼とした鞆港湾計画を策定した．当時は漁協の反対などもあり事業化は見送られたが，1990（平成2）年に鞆町内会連絡協議会が市長に事業推進の陳情をおこなうなど，歴史地区内を通る県道の狭隘さを問題視していた地元から早期整備の声が上がるようになった．これを受けて，当時の福山市長も早期実現を県に要望した．県は検討委員会を設置し，埋立て面積を減らすかたちでの事業計画

の見直しに着手した．地域では期成同盟会が結成される一方で，埋立て架橋事業に反対する組織も結成され，山側にトンネルを掘る対案を作成するなどの活動を始めるようになった．そして，住民集会で事業賛成派と事業反対派との間で衝突が起こる状況が続いていた最中の2000（平成12）年2月，福山港地方港湾審議会は計画縮小案を承認し，埋立て架橋事業にゴーサインを出した．

　埋立て架橋事業に反対する地元主婦らで組織していた「鞆の浦海の子」のメンバーが，「町並み保存連盟」が主催する町並みゼミで面識を得た東京大学の西村幸夫教授のもとをはるばる訪ねて来たのは2000年3月末であった．「このままでは埋立て架橋事業が動き出し，慣れ親しんできた歴史的な港湾景観，海とともにある生活環境が失われてしまう，何とか事業を止める手立てはないか」という相談であった．相談の後，せっかく東京大学までお越しいただいたのだからということで，研究室の院生たちに対して鞆の浦をめぐる状況についてのレクチャーの機会が設けられた．そのレクチャーが，東京大学都市デザイン研究室による鞆プロジェクトの始まりであった．

22.2 『鞆雑誌2000』にみるまちの読み解き

a. 1年目の調査のプロセス

　研究室の大学院生たちが鞆の浦を初めて訪ねたのは，「鞆の浦海の子」との出会いから1カ月も

経っていない4月下旬の週末であった．まずはともかく鞆の浦というまちを自分の目でみてみようというのが訪問の目的であった．夜行バスに揺られて早朝に福山駅に着き，そこからバスで30分強，私たちの眼前に現れたのは，朝日に照らされて光る瀬戸内海，そこに浮かぶいくつもの緑深い島々，そして人ひとりが通れるかどうかの細い路地に櫛比して並ぶ時を重ねた町家，その先に一切堤防なく階段状の雁木によってまちと連続してつながっていた鞆の港の生き生きとした風景であった．試しに来てみた，様子見で来てみたはずが，実際に体験した鞆の浦のまちの衝撃は，研究室として院生主体の自主研究プロジェクトを立ち上げることを即決させた．しかし，埋立て架橋事業に対する賛成派，反対派という枠組みのなかで活動するのではなく，まずは「外の目」で客観的に，最初に衝撃を受けた鞆の浦のもつ魅力や課題を読み解こうと考えた．すでにこのとき，地元は埋立て架橋事業の是非に議論が集中していたが，そもそも鞆のまちはどのような地域なのか，鞆はどのようなまちをめざしていくのか，そうした「まちづくり」をめぐる知見が共有されていないようにみえた．

　まず5月のGW中に「鞆の浦海の子」に協力してもらい観光客に対するアンケート調査を実施した．そして，6月，8月と二度の合宿調査を実施し，鞆の浦と向き合っていった．埋立て架橋事業の目的がまちなかの狭隘な県道の交通混雑の解消であったことから，研究室としても交通量調査や実走調査などで事業の前提となる課題について自分たちの手で実情を確かめることにした．しかし，最も重視したのは，まちかど調査，地区別資源調査などの，鞆の浦のまちを歩き回って感じた「鞆らしさ」を記述するための調査であった．

　調査の成果は，後述するT-House2000での展示を経て，2000（平成12）年12月に『鞆雑誌2000』という冊子にまとめ，広く頒布した（図22.1）．『鞆雑誌2000』というかたちで，「報告書」ではなく「雑誌」と名乗ったのは，なるべく記述を平易にし，地域のひとびとにも手に取って読んでもらいたいという思いがあったからである．

■図22.1　『鞆雑誌』（2000年12月）の表紙

b.『鞆雑誌2000』で読み解いた鞆の浦

　『鞆雑誌2000』は「まちを知る」，「まちを歩く」，「まちのこれからを考える」の3章構成となっている．このうち，第2章の「まちを歩く」が，『鞆雑誌2000』の核となっている．章のタイトルのとおり，まちを歩いて発見した鞆のまちらしさを17のキーワードと7つの地区別にまとめたものである．ここではそのいくつかを取り上げてみよう．

　「異なるみちが出会って生み出す　まちかどの表情」：まちを歩いたさいに印象に残ったまちかどのありようを悉皆的に調査し，まとめた．鞆の浦は江戸時代の初期，城下町として整備されたことがあり，現在の街路網のほとんどはそのさいに形づくられた．防衛上の観点から，ほぼすべての交差点が三差路となっており，見通しが制限されている．この三差路はどれ一つとして同じ表情ではなく，交わる道の幅や性格，道の交わり方が一つひとつ異なり，そこに豊かな風景が生まれてい

● 第22章　福山市鞆の浦─『鞆雑誌』　まちに寄り添いながら，まちを読み続ける

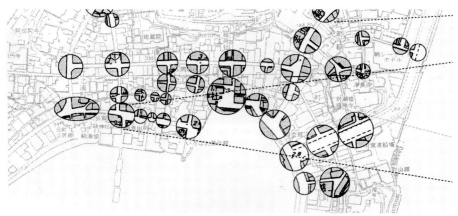

■図22.2　地図上でみたいろいろな形の「まちかど」
（『鞆雑誌2000』より）

■図22.3　海と人の身体的位置関係：八類型
鞆の海際線における海と人の間には，図のような8種類の関係がみられる．雁木や浜が海と人を柔らかくつなぐ装置として機能してきたのに対して，コンクリートで固めた防潮堤では硬直的な関係になっている．（『鞆雑誌2000』より）

た．角地を意識した建築物や看板，ショーケース，角地に面する空地や井戸，そしてそこでのひとびとの行動，活動などが，まずまち並みの大きな印象をかたちづくっていた．まちかど部分だけを1.5倍に強調してみた図でそのことを表現した（図22.2）．

「海「際」の空間　そして人」：鞆のまちにおける人と海とのかかわり方の多様さを記録した．海に囲まれて長い海岸線をもつ鞆の浦であるが，場所場所によって，まちと海との関係は異なっている．「海と人との身体的位置関係」という観点から8つのタイプを見いだした（図22.3）．さらに，獲れたての小魚などを路上脇で売る天売り，たたずむ，散歩，遊ぶ，釣るといった代表的アクティビティ，漁港と漁船，渡船場と渡し船，マリーナとヨット，海際のオープンカフェ，常夜灯といったまちで見つけた海と大地をむすぶ機能について，整理した．

22.2 『鞆雑誌2000』にみるまちの読み解き

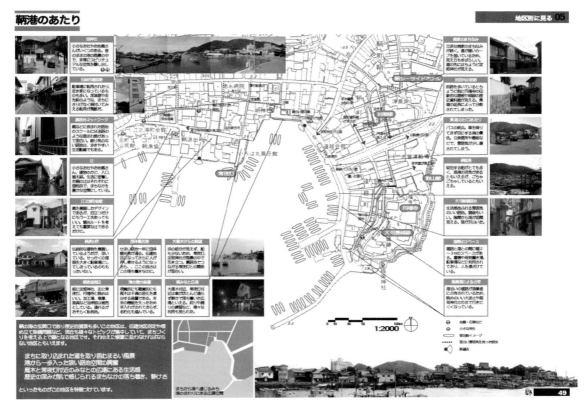

■図22.4 「鞆港あたり」の特徴(『鞆雑誌2000』より)

「人が集まるところ　まちなかのたまり場」:「鞆へ訪れると，必ず新しい出会いがあります．町のなかを歩いていれば，必ず誰かに話しかけられます」という体験から，家の外にまちの人たちが出てきている，そういう集まるところ，たまり場があるという空間，場所の特徴をとらえようとした．鞆の浦で人が集まっている場所には何らかの人をひきつける力があるはずだ，という仮説にもとづき，井戸の周りなどの「生活がつくる場所」，港の周りなどの「自然がつくる場所」，社の周りなどの「聖なる力がつくる場所」，天売りのおばさんの周りなどの「人がつくる場所」，常夜灯前の広場などの「歴史がつくる場所」を見いだした．

「精神的な文化が息づく環境」:上記の「聖なる力がつくる場所」とも関連している項目である．鞆のまちを取り囲みまち全体を「大きな精神的環境」と感じさせる社寺から，まちなかに深みとアクセントを与える生活に根付いた小さな祠までを鞆の浦の特徴として取り上げた．「鞆には説明版なんかなくても，その場所に漂う雰囲気で，なにかしら奥深さを感じる，そんな力をもつ環境がいまも受け継がれているのです」とした．そのことを端的に概念的なスケッチでも表現した．

さらに17のキーワードに整理した鞆の浦の特徴が実際にどの場所でみられるのか，7つの地区別にまちの資源をまとめた．たとえば「鞆港あたり」では，「まちに取り込まれた湾を取り囲むまるい風景」，「港から一歩入った狭い路地空間の興奮」，「雁木と常夜灯付近のみなとの広場にある生活感」，「歴史の深みが肌で感じられるまちなみの落ち着き，静けさ」が地区を特徴づけていることを示した(図22.4)．

第3章「まちづくりのこれからを考える」で

109

● 第22章　福山市鞆の浦—『鞆雑誌』　まちに寄り添いながら，まちを読み続ける

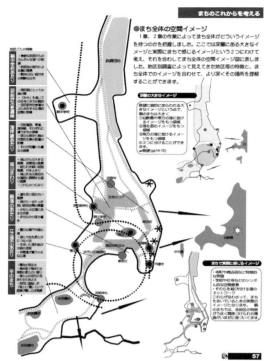

■図22.5　鞆のまち全体の空間イメージ（『鞆雑誌2000』より）

■図22.6　「T-House」での『鞆雑誌』展示（2000年10月）
（撮影：東京大学都市デザイン研究室有志）

は，こうした17のキーワードと7つの地区別による読み解きを重ね合わせることで，鞆のまち全体の空間イメージを示した．美しく変化に富んだ大きな自然の上に，「ひとびとの暮らしとまちとの間で細やかな関係が積み重ねられてきたこと」＝「連綿とした暮らしの営み」が重ねられて，まち全体に場所性が醸成され，それがまちの奥深さとなっている，そのことが確認できたのである（図22.5）．

以上のように，「全体像」からではなく，まちを実際に歩いて五感で拾い集めた「部分」から，鞆の浦というまちを理解する試みを重ねたのが，鞆の浦で最初に実施した調査であった．地域のひとびとにとっては，あまりに当たり前過ぎて普段は気にも留めることがない，あるいはあえて言語化してこなかった鞆らしさが，まちを歩く目線から説明されていることに新鮮さを感じてくれたようだった．『鞆雑誌』の印刷代は研究費から支出したが，頒布のたびに一定の寄付をいただくこと

で訪鞆のための資金を集めるというもくろみもあった．『鞆雑誌』が多くのひとびとの手にわたったことで，東京大学都市デザイン研究室有志による鞆プロジェクトを続けていけることになった．そして，その後，10年以上にわたって学生たちが鞆に通い続けた．

22.3　誰のために読み解くのか

『鞆雑誌』は調査研究の成果をおもに地域のひとびとに還元するためのメディアとして，その後もある程度の調査成果がたまるたびに発行され続けた．冊子として広く頒布したのは，『鞆雑誌2000』から『鞆雑誌2011』までの5冊である[*1]．大学の研究室の学生有志による活動という性格上，それぞれの『鞆雑誌』にかかわるメンバーは毎回，入れ替わりがあったが，鞆のまちの魅力，鞆のまちらしさをさまざまなテーマ，角度から解き明かしていこう，しかもそれを地域のひとびとと共有したいという思いは変化することはなかった．

また，『鞆雑誌2000』の発行前に，再生が予定されていた空き家を借りて，『鞆雑誌』の内容を先行的に展示し，来場者の感想をうかがい，意見

[*1] そのほかに報告書として『鞆の浦と空地─空地とともに暮らす─』（2012年10月），『鞆港の風景を読み解く4つの鍵』（2013年10月）を，デジタルデータ・電子版で配布した．

を交換する場「T-House」を設けた（**図22.6**）．記述を平易にし，読みやすさを重視した冊子とはいえ，自ら実際に手にとり中身までしっかり読んでくれる人はかぎられる．しかし，展示会のような場をつくり，学生たちがそこに常駐していて，ふらっと訪ねてくれる方一人ひとりに寄り添いながら調査成果を説明していくと，途中から地域のひとびともさまざまな感想，思いを話し始めてくれる．『鞆雑誌』の発行自体が目的だったのではない．それを介して，さらに地域の理解をふかめ，つながりを強めていくことが目的であった．

翌年の『鞆雑誌2001』の発行時にも港に面した空き家を借りて「T-House」を開催した．『鞆雑誌2006』の発行前にも港に面する蔵で「鞆まちづくり博覧会」を，『鞆雑誌2008』のときも同じ蔵で「港町交叉展」を開催した．そのほかにも地域でおこなわれるシンポジウムの場などで発表の機会を与えていただいたこともたびたびあった．『鞆雑誌』にまとめた調査の成果は，審査に合格して学術論文として発表したり，懸賞論文に応募して入選したりしたものもあった[*2]．鞆の浦に通い続け，まちを歩き倒し，地域のいろいろな方と会い，話をして得たさまざまな知見は，鞆の浦に限定されない，「まち」を理解するためのより普遍的な内容をもっていた．しかし，あくまで委託ではなく自主プロジェクトとして一番大事にしていたのは，「外の目」を保ちながらも，鞆の浦というまちそのものにしっかりと寄り添うことであり，鞆の浦のためにまちを読み続けることであった．

ただし学生は，修士課程の大学院生だと実際の活動期間は2年しかない．鞆プロジェクトでは毎年メンバーが入れ替わる．プロジェクトチームとしての経験の蓄積はある程度伝承できても，やはり一人ひとりは一から鞆の浦と向き合い，理解しようとするところから始めるしかない．一方で，地域のひとびとは『鞆雑誌』をはじめとするさまざまな調査の成果を吸収し，一人ひとりが経験を蓄積し，ネットワークをひろげて成長していく．

鞆の浦でもはじめは小さな小さなグループであった「鞆の浦海の子」は，いつの間にか「NPO鞆の浦まちづくり工房」となり，空き家改修を手懸け，「御舟宿 いろは」を運営するようになっていた．まち自体も空き家再生を契機として，週末ともなれば観光客が途絶えない，そうしたにぎわいが生みだされていった．入れ替わっていく学生たちとどんどん成長していくまち，そうした構図のなかで「まちに寄り添う」ということは，じつはそう簡単なことではなかった．

進展するまちづくりに置いていかれないよう，ついていくことに必死になりながら，調査や研究のテーマを設定し，ある種の使命感をもって『鞆雑誌』を発行し続けたというのが本当のところであった．それぞれの『鞆雑誌』に対する地域のひとびとの感想もうれしいことに率直なもので，ときに手ごたえを感じたり，ときに自分たちの読み解きの甘さを恥じたりというものであった．そして，気づいてみれば，鞆のまちや鞆のまちづくりによって，自分たち自身が一番多くのことを学び，成長させてもらっていた．鞆の浦のためにという思いは，けっきょく，鞆の浦の深い懐が受け止め，投げ返してくれて，自分たちのところに還ってきた．鞆の浦はまちの，まちづくりの超一流の教科書であった．その内容を一所懸命に勉強し，いま思うと不遜なことに地域のひとびとに教科書のエッセンスを解説しようとしてつくった自分たちなりのノートが『鞆雑誌』であった．

[中島直人]

[文献（補遺）]

鈴木智香子，中島直人，江口久美，西原まり（2006）：「歴史的市街地における低未利用家屋の継続要因と再生方策―広島県福山市鞆町を事例として―」，日本建築学会技術報告集，No.24.

鈴木智香子，中島直人，江口久美，ポンサン・ウェティエンプラディット，北村修一，長澤怜，山田渚（2007）：「北前船をテーマとした広域観光に関する基礎的検討―北前船関連観光資源の全国調査を中心として―」，『第13回観光に関する研究論文 観光振興や観光交流に関する提言』，1-18，財団法人アジア太平洋観光交流センター（財団法人アジア太平洋観光交流センター第13回観光に関する研究論文応募論文一席）

北川貴巳，馬場弘樹，窪田亜矢（2013）：「歴史的な市街地における空地の実態及びその形成原理についての考察―広島県福山市鞆地区を事例として―」，日本建築学会計画系論文集，Vol.78，No.685.

[*2] 鞆プロジェクトに関連した学術論文を発表した．これについては，文献欄に記す．

出雲

第23章 近代の郷土意識が生んだ空間創出の物語を発掘する

23.1 空間体験からの着想

出雲大社といえば，祭神である大国主の国譲り神話や，旧暦十月の「神在祭」，さらに「縁結び」の神社として知られ，全国から多くの参拝客を集める．2000（平成12）年にはかつて巨大な社殿を支えた柱の遺構も発見され，ひとびとの関心は，古式ゆかしい社殿や古代史に向けられがちであるが，大社神苑の南に延びる神門通りに関心を寄せる人は少数派であろう．マイカーや観光バスで訪れるひとびとも，通りの南に立ちはだかる鉄筋コンクリートの大鳥居には気をとめるかもしれないが，さほど意識せずに通り過ぎてしまうのではないだろうか．この通りの特徴を理解するには，歩いて体験するのにかぎる．

a. 神門通りの空間構成

出雲大社の正面玄関は，神苑の南端に位置する微高地の上にある．この場所は「勢溜」とよばれ，大鳥居の下に広場状の空間が広がる．ここから北へ向かうと，神苑のなかをまっすぐな参道が下り，「松の馬場」とよばれる松並木を抜けた先に，大社造りの本殿をはじめとする社殿群が構える．一方，勢溜から南側へ続くのが「神門通り」である．下り坂の先に一直線の通りが続くため，勢溜からは見晴らしがよく，前方にはもう一基の大鳥居（一の鳥居）が構え，通りの景観を引き締めている（図23.1，図23.2）．

今度は反対に，神門通りの南端から眺めてみよう．23mもの高さをもつ鉄筋コンクリート造の大鳥居は，堀川にかけられた宇迦橋の北側に据えられ，表参道である神門通りの明示的なゲートとなっている．その先には，勢溜の大鳥居が正面に構え，その間の松並木と相まって，典型的なヴィスタ・アイストップ型の街路景観を形づくっている．

視覚的なゲートは一の鳥居であるが，神門通りの空間構成をとらえるならば，その起点は手前の宇迦橋である．上空からその線形を眺めれば一目瞭然であるが，宇迦橋は，神門通りの軸線に合わせて，堀川に対しては斜めにかけられている．通りはその南側で東に折れ曲がっており，このことからも神門通りの軸線の起点が橋であることがわかる．さらに地図上で確認するならば，神門通りは，大社境内から勢溜までの参道の軸線を，堀川まで南へ延ばした形をとっている．北側の参道には近世後期に松並木が植えられ，「松の馬場」とよばれているが，松並木は神門通りにもみられ，連続的な景観が確保されている．

b. 郷土資料と空間構造からの推定

冒頭で述べたとおり，神門通りは1912（明治45）年に国鉄大社駅が開業したのを機に，駅から大社へ向かう新たな参詣道として整備されたものである．さらに鉄筋コンクリートの大鳥居と松並木は，県内出身の篤志家・小林徳一郎により，1915（大正4）年の御大典記念事業として寄進さ

■図23.1 勢溜からみた神門通り

■図23.2 一の鳥居からみた神門通り

れたものであることは，大鳥居の下に設けられた案内板にも記されている．

　社殿風の意匠を備えた旧大社駅舎は2004（平成16）年に国の重要文化財となっており，その建設経緯についてはすでに明らかにされている．この駅舎は1923（大正12）年に竣工した2代めのものであり，当時進められていた大社神苑の整備に伊東忠太がかかわっていたことから，駅舎の設計にも伊東の助言があったのではないかという説が唱えられている（図23.3）．

　これらの情報から推察されるのは，一続きの空間上に連なる大社駅・神門通り・神苑が，関連性をもちながら構想され，実現したのではないかということである．そしてその契機が大社への鉄道敷設にあることは間違いない．これほどのスケールで，景観演出を伴った空間創出が実現した背景には，地域の明確な意志や構想主体が存在したと考えるべきであろう．実際に史料から経緯をたど

ると，これらの空間創出をめぐる物語が浮かび上がる．

23.2 鉄道敷設をめぐる地域開発の文脈

a. 大社線の敷設に至る経緯

　地域の悲願であった鉄道の敷設経緯は，地方の近代化や地域開発の文脈を把握するうえで大きな手がかりを与えてくれる．近代化の後進地であった山陰地方において，1902（明治35）年の境（現・境港）・米子・御来屋間の官営鉄道（現・境線，山陰本線）が最初の開業区間である．その後は島根県内にも敷設が進み，1908（明治41）年に松江，1910（明治43）年には今市（現・出雲市）までが開通し，徐々に西進する．

　1912（明治45）年には兵庫県内の区間が開通し，京都から出雲今市までひと続きの山陰線ができあがる．この間に，出雲今市・大社間の約7.5 kmの支線（大社線）の敷設も進められ，同年6月1日，大社駅は京都を起点とする山陰線の実質的な終端駅として開業した．

　国（鉄道院）による敷設は，1910（明治43）年9月に当時の鉄道院総裁・後藤新平が山陰視察に際して出雲大社を訪れたことが一つの契機となり，同年12月の帝国議会において，鉄道敷設法による建設線に今市・杵築間（後の大社線）が加えられたことで具体化する．地元の意向としても，県外からの参詣客の便をはかることが重視され，

■図23.3：旧大社駅舎（重要文化財）

●第23章　出雲──近代の郷土意識が生んだ空間創出の物語を発掘する

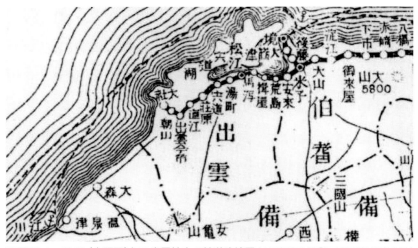

■図23.4　1912（大正元）年の出雲地方の鉄道路線図（大正元年9月『汽車汽船旅行案内』付図の一部：『復刻版 明治大正時刻表』，新人物往来社，1998 所収）

鉄道院にとっても，高い集客力を備えた出雲大社の存在は，重要な経営資源としてとらえられていた．本線からの直通運転は当初から想定されていたものと考えられ，実際に大社駅は，京都・大阪や山口方面からも直通列車が乗り入れる，山陰地方の主力ターミナルへと発展をとげるのである．

b. 駅位置の決定問題

鉄道敷設が決まると，つぎに駅をどこに設けるかが問題となる．出雲大社の表玄関である勢溜には東西から参詣道が集まり，西からの参詣道に沿った市場地区と，東からの参詣道に沿った馬場地区の二方向の門前町が台頭していた．形成史をたどると，古くから発展してきた市場地区に対して，馬場地区は，近世後期に勢溜が開かれたことで発展した新興地区であった．参詣客に依存する門前町にとって，人の流れを変える鉄道駅の立地は死活問題である．大社駅の位置をめぐり，両地区の熾烈な誘致合戦が展開されることとなる．

1911（明治44）年12月の新聞記事によると，当初は馬場側に設置が予定されていたが，これに反発する動きが現れて市場側へ変更され，今度は馬場側が反対運動を起こす状況となり，みかねた鉄道院は，両者の中間地点に設置する第三案を提示する．最終的には鉄道院の仲裁案で決着することになり，以後，線路と駅舎の工事が急ピッチで進められた（図23.4）．

23.3　新たな参詣空間を導いた物語

a. 直線道（神門通り）と宇迦橋の開設

1912（明治45）年6月に国鉄大社線は開業するが，大社駅の位置の決定が遅れたために，開業時には駅前と出雲大社を直結する道路は整備されておらず，駅近くを東西に走る既存の道までの応急的な道路整備がおこなわれた．これにより，大社駅からは市場地区・馬場地区のどちらを経由しても出雲大社に到達できたが，不案内な来訪者にはわかりにくい．

こうした状況を改善すべく，新道整備を主導したのが，第19代島根県知事・高岡直吉（1860－1942）である．高岡は当時としてはまれな県内出身（津和野生まれ）の知事であり，島根県に赴任したのは，大社線の敷設が具体化する1911（明治44）年であった．新道整備のための土木費が予算計上された1912（大正元）年11月の島根県会において，高岡は出雲大社の重要性を「島根県ノ大社テナクシテ天下ノ大社」であると表現し，それに相応しい参詣道を整備すべきことを主張し

114

23.3 新たな参詣空間を導いた物語

鉄道開業後の道路整備

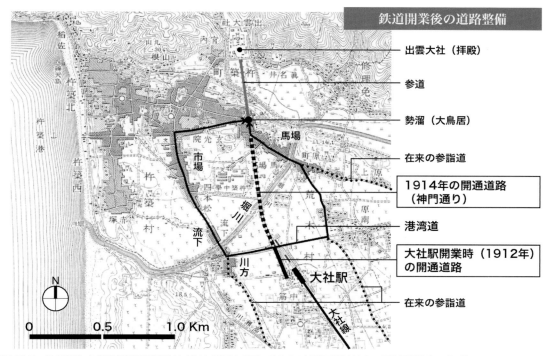

■図23.5 神門通りと既存道路の関係（大正4年測図の2万5千分の1地形図『大社』の一部を下図として作成）

■図23.6 架設直後（大正3年）の宇迦橋（出典：『写真は語る 大社の百年』大社町教育委員会1990, p.40-41）

た．地元商業者の意向を受けた議員からは反対意見が出されるが，最終的には県が提示した原案が可決され，着工されるに至る（図23.5）．

新たに整備された参詣道は，その形状から当初は「直線道」とよばれた．冒頭に示したように，大社へと一直線に続く道は，地域のひとびとにとっても強い印象を与えたものと思われる．さらに道の軸線に合わせて斜めにかけられ，擬宝珠付きの欄干を備えた橋の設計こそ，出雲大社へのアプローチの起点を飾る構造物として，高岡が意を

115

●第23章　出雲─近代の郷土意識が生んだ空間創出の物語を発掘する

注いだものであった．この橋に「宇迦橋」の名を与えた高岡は，「此橋は実に史的神聖地に入る第一歩の関門なる意味を取りて，かくは名付けられたるなり」と述べており，全国各地から鉄道で訪れる参詣客に対し，壮麗な神域の入口を演出する意図があったことがうかがえる（図23.6）．

b. 新大鳥居と松並木による景観創出

「直線道」と宇迦橋が開通した時点では，現在みられる鉄筋コンクリートの大鳥居（以下，新大鳥居）と松並木は存在していない．高岡は，開通を目前に控えた1914（大正3）年4月に鹿児島県知事へと転出しているが，神門通りの景観を特徴づけるこれらの要素が加わるのは1915（大正4）年11月である．

新大鳥居と松並木は，島根県邑智郡に生まれ，九州・小倉で土木事業家として財を成した小林徳一郎が，大正天皇の御大典記念事業として寄進したものであることが知られている．『聞書小林徳一郎翁伝』（1962）によれば，小林が帰京したさいに，故郷に対する社会事業として新大鳥居の寄進を思い立ち，かつて小倉で出雲国造家の千家尊福に宿を提供した縁から，大社側がこれを受け入れ，建立が決まったようである．さらに「数百本の松の樹を参道に植えて神苑の荘厳を加える」ことになり，その舞台となったのが「直線道」であった．

建立時に日本一の高さを誇った新大鳥居の工事を担当した技師は，小林から「石材や銅材の様な他人が真似の出来る物は好まぬから是迄日本に類例のない鉄筋コンクリートで遣つて呉れ」との指示を受けたと語っており，当人の意気込みの大きさがうかがえる．当時の新聞記事によれば，新大鳥居の落成式は県内外から2000人を集めて盛大に挙行され，この機会に千家尊福が「神門通り」と命名したとされる．

c. 神苑整備とのかかわり

鉄道の開通を機に，出雲大社への新たな参詣道として整備され，特色ある景観を備えるに至った神門通りであるが，このような象徴的なアプロー

チ空間が創出された背景には，当時並行して進められていた出雲大社の神苑整備計画があった．

神苑とは，端的にいえば神社の境内に付属する苑地であるが，このような空間概念があらわれるのは，明治維新後の近代天皇制国家のもとで神仏分離政策がおこなわれ，国の神社政策のもとで神社がより公的な性格を備えるようになってからである．近世までは神仏が混在し，雑多な遊興空間となっていた神社境内を，清浄な（森厳な）神域として再編すべく，国家的に重要視された神社等において，地域内外の有力者らが主導する形で整備が進められたのが神苑である．伊勢神宮における整備を嚆矢とする神苑の内実は，西洋の造園技法も取り入れながら設計された公園のような空間であり，新たな名所としての側面も有していた．

出雲大社の神苑整備計画は，大社線の敷設を契機として具体化し，高岡知事が最初の神苑設計を宮内省技師の市川之雄に委嘱したことが明らかになっている．すなわち，出雲大社への直通道路（後の神門通り）の計画は，市川による神苑計画と連動する形で検討されていた可能性が高い．先の「神苑の荘厳を加える」ために松並木を植樹したとする小林の述懐も，この道が「神苑」と密接な関係をもって成立したことをうかがわせる．

出雲大社神苑の設計内容は後に見直され，最終的には神社建築に造詣の深い建築史家・建築家の伊東忠太の設計により1935（昭和10）年に完成することとなるが，この間に神門通り沿道の様相もさらなる変貌をとげる．神苑の起工式から間もない1926（大正13）年には，大社駅が現在の社殿風駅舎に建て替えられ，近代の出雲を象徴するターミナルとして発展する．1930（昭和5）年には一畑電鉄の大社神門駅（現・出雲大社前駅）が開業し，沿道には旅館や土産物店などが集積することで，神門通りは名実ともに，大社のまちのメインストリートとして発展するのである．

23.4 近代の遺産としての参詣空間

ここまでにみてきたように，出雲大社の正面を

23.4 近代の遺産としての参詣空間

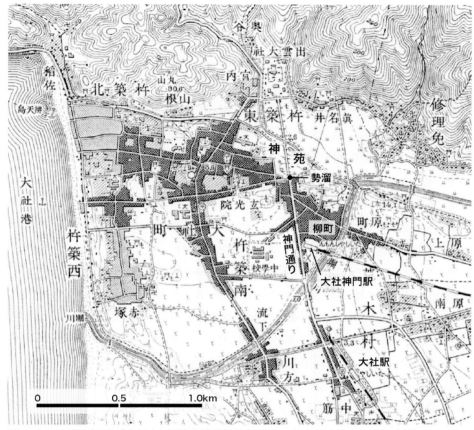

■図23.7 1934（昭和9）年の大社周辺の地形図（2万5千分の1地形図『大社』の一部に加筆）

飾る神門通りは，大社駅から神苑に至る壮大な空間計画の青写真のもとに構想され，一連の空間は段階的に整備・形成されたものである．神門通りの松並木は，沿道に建物が集積することで，まち並みを彩る街路樹の様相を呈しているが，当初は「神苑の延長」としての参詣道の性格を示すものであった．

当時の史料を読み解くと，「天下ノ大社」のために尽力した高岡知事をはじめ，出雲大社を象徴する新たな参詣空間の創出のために動いたひとびとの物語が浮かび上がる．そうした事実を知ることにより，旧大社駅から宇迦橋・神門通りを経て神苑に至る空間の総体的な構造を，あらためてとらえ直すことができる．現在，旧大社駅舎は国の重要文化財に，出雲大社前駅と新大鳥居は登録有形文化財となっているが，これらの物語に光を当てることで，鉄道開通を機に創出された一連の参詣空間を近代の遺産として価値づけ，保全しながらまちづくりに活用する筋道も示されよう（図23.7）．

[永瀬節治]

[文献]

島根県教育委員会（2002）：『島根県の近代化遺産：島根県近代化遺産（建造物等）総合調査報告書』
大社駅（1962）：『大社駅開業五十年記念要覧』
『松陽新報』1911（明治44）年12月18日号，松陽新報社
永瀬節治（2014）：「大社線と神門通りの建設」，『大社の史話』178, 1-12．
『山陰新聞』1914（大正3）年4月18日号，山陰新聞社
『山陰新聞』1915（大正4）年11月7日号，山陰新聞社
『山陰新聞』1915（大正4）年11月8日号，山陰新聞社
出雲大社社務所（1925）：「大社神苑工事に就いて」，『島根評論』vol.2, No8, 38-41．

西条

第24章 西条祭りの運営形態からみるまちづくり

24.1 祭りをもちいて都市を読む

祭りとは，一年に一度，ケとは異なるハレの空間を視覚化・風景化させるとともに，地域社会がどのようなひとびとの関係性で成立しているか，換言するとコミュニティのかたちや，都市の潜在的魅力＝地域固有性を明確に示す瞬間である．他方，祭りの運営や組織の形態は，祭りに関係するひとびとの関係性と持続的プロセスを示すものである．したがって，祭りは，有形と無形のどちらの観点ももっており，祭りを支える空間的事象と地域コミュニティの関係性を示すため，都市を読むというリテラシーにおいて，有効なメソッドといえる．しかし，祭りの研究は，隠された，あるいは隠れた内情を知ることであり，所有や経費といった踏み込んだ内容を聞き取ることになる．祭りを運営する地域社会との信頼関係が研究の前提となるが，私たちの研究メンバーが幸運にも西条祭り関係者であったため，以下のような研究方法が可能となった．（石川ほか，2003）

24.2 研究の着眼点—だんじりが増え続けた希有な祭り

今日まで250余年の歴史をもつ西条祭り[1]は，愛媛県西条市内中央部の伊曽乃神社の氏子町内の祭礼である．伊曽乃神社の神輿が2日間かけ氏子町内を渡御し，それ自身には神の宿っていない各屋台が神輿をお供するような形で練り歩く奉納がなされる．10月15日未明，神輿は伊曽乃神社を出発し，一日かけて御旅所に着きそこで一泊し，16日，各屋台は神輿を迎えに御旅所へ集合した後，統一行動で一日かけて城下（陣屋跡）等を巡り，御殿前での奉納，最後に川原から加茂川を渡る神輿を見送るという流れで，祭礼は変わることなく続いてきた（図24.1）．祭礼は毎年，同じ日時に行われるため，西条市外に住む若い世代の多くは，休みを取って帰郷する．

2002（平成14）年，8割以上の世帯数を占める氏子町内に屋台が存在した[2]．屋台とは，高さ約

			神輿	屋台
10月14日	17:30〜19:30			各屋台毎運行
10月15日	02:00〜06:00	伊曽乃神社	宮出し	全屋台集合
	06:00〜19:00		渡御	各屋台毎運行
10月16日	02:00〜05:00	御旅所	宮出し	全屋台集合
	05:00〜06:30		渡御	全屋台統一運行
	06:30〜09:30	御殿前		
	09:30〜18:30			
	18:30〜19:00	加茂川		
	19:30〜22:00		宮入り	各屋台毎運行

■図24.1 西条祭りのタイムスケジュール

----

*1 西条祭りの発祥は定かではないが，初めて文献に「屋台」の言葉が登場するのは1761（宝暦11）年までさかのぼる．西条祭りとは，毎年10月14日から17日にかけておこなわれる愛媛県西条市内三社の祭礼，すなわち石岡神社（市内西部，氷見：10月14日，15日），伊曽乃神社（市内中央部：10月15日，16日），飯積神社（市内東部，飯岡：10月16日，17日）を合わせて指すが，狭義において市内中央部旧町村の産土神である伊曽乃神社の祭礼を指す．本論でも西条祭りとは，伊曽乃神社の祭礼を指すこととする．

*2 2004（平成16）年に市町村合併がおこなわれ，総人口は2012（平成24）年9月現在で114734人（49456世帯）．うち，旧西条市60705人（26356世帯）で，伊曽乃神社氏子町内は41429人（18136世帯）となっている．

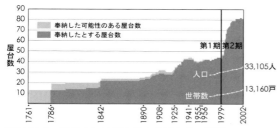

■図24.2　奉納される屋台数の変遷と人口動態

5 m, 重量約2 tで直径約1.8 mの木車を備え曳く御輿4台, 高さ約5 m, 重量約0.6〜0.8 tの担ぐだんじり77台を指す. その数, 計81台は, 広範囲な市域で多くの市民が積極的に参加する祭りで, 一神社に奉納される屋台では日本最多である.

伝統的な祭りは, 外発的因子, すなわち外部の人間を参加させることで維持されていることがある. この背景には, 伝統的な祭りを支える町の人口や世帯数の減少・高齢化がある. 加えて, 伝統的な祭礼にかかわれる人とは誰であるかという定義やルールが厳しい場合, 祭りを運営する人手が減ってしまうことも起因する.

西条祭りは正反対に, 内発的かつ持続的に発展してきた. 図24.2に示すように, 高度成長期以降, 50年間で屋台数が倍増し, とくに1979（昭和54）年以降の増加が顕著である. 伝統的な祭礼でありながら, 参加する屋台, それにかかわる市民が増えるとは何を意味するのだろうか. この発展要因を明らかにすることはまちづくりの重要な視座であり, 研究の着眼点である.

24.3　フィールドサーベイ──祭りが語る「何を変えて, 何を変えなかったか」

伝統的な祭りを維持していくために, 祭礼に関する何を変えて, 何を変えなかったかを調べることが大切である. そのため, 西条祭りへの参加がフィールドサーベイであり, 身体的に理解することから調査は始まった.

変えなかったこととは, 祭りの流れのなかで, 最も肝心な所である伊曽乃神社からの宮出し, 御旅所からの宮出し, 御殿前における屋台披露という三つの重要な儀礼において, 決して台車を使わないことである. そして, 提灯のろうそくがもう一つの変えなかったことだ. 深夜の宮出しや御旅所, さらには神輿が加茂川を渡り本宮に帰る際, すべての屋台が土手に整列する宮入でも, 西条祭りの風景を支えているのは, 灯される何百, 何千ものろうそくであることに誰もが気づくだろう. 電気を使うのとは雲泥の差であり, 一つ一つのろうそくは生命のメタファーであり, まち並みと一体化して, 美しい刹那の景観をつくっている. これは祭りへの参加を通して, 西条祭りの通底する不易としての美意識を理解する研究のプロセスである. 客観的に説明することはむずかしいが, 美あるいは美を支えるひとびとの美意識を理解しようとすることは, 都市や地域デザインを行ううえで不可欠な事象である.

他方, 柔軟に変えた祭りのルールは, 女性の参加と取り外し可能な台車の使用とである. 木車がついている御輿に対して, だんじりは伝統的には担ぎ続けなければならなかった. これに取り外し可能な台車をつけることで, 2日間の運行は楽になり, 多くの人手をかけることなく, 祭礼に参加できるようになった. この台車が始まったのが1965（昭和40）年頃であるから, 1979（昭和54）年以降の新しいだんじりは, 少人数でも祭礼への参加を踏み切ることができただろう. 女性の参加は, 屋台単位で決めていった. 西条祭りは, 新しい住民にも女性にも祭礼参加の門戸を開くことで, 祭礼に参加可能な住民の対象者数は伝統的な旧城下町を中心とする頃とは比べものにならないくらい増えた. 図24.2が語る祭りとまちの歴史である. 渡御は, それぞれの町を練り歩かなければ意味がない. 宮出しが終わるのは15日早朝だが, 住民は, 家の前で屋台や神輿が来るのを待つ. だから, 増え続ける屋台に対応して, 練り歩く地区が増え, 変化した. その結果, 屋台の巡行路は図24.3に図示したとおりである.

24.4　アンケート調査の方法論

歴史的な祭礼の資料や西条市の統計資料の分析

● 第24章　西条─西条祭りの運営形態からみるまちづくり

■図24.3　西条の市街化および奉納される屋台分布の拡大

に加え，2002（平成14）年，祭礼終了後間もない10月18日から約1週間かけて，全屋台代表者へアンケート趣旨を伝え，手渡しで回答を依頼した．結果，67の屋台から回答を得られ，そのうち有効回答は58であった．アンケートの内容は，

1) 屋台を有している部落（一般的な集落・町や祭りを構成する単位である組の意）名
2) 部落において，屋台に対し諸経費を払っている世帯数と払っていない世帯数
3) 所有者における部落内・部落関係者・部落外部，それぞれの世帯数
4) 屋台の舁き夫の人数
5) 舁き夫における部落内・部落関係者・部落外部それぞれの人数
6) 屋台の世話役の人数
7) 世話役における部落内・部落関係者・部落外部それぞれの人数

の7項目である．

コミュニティが独自にもつ言語はすべて成文化されるものではない．言葉では示せない不文律，あるいはプロトコルがある．この貴重なアンケート資料から，目にはみえない地域コミュニティの構造を浮き彫りにすることが重要である．

24.5　アンケート調査を図面化・空間化する

a. だんじりの所有のかたちとコミュニティ形成

1890〜1900年代や1920〜30年代のように増加傾向の時期はあるが，屋台が決定的に増加したのは，1979（昭和54）年以降である（図24.1）．1979年以前は，中心市街地および御殿前から伊曽乃神社への軸線上やその周辺に多い．これに対して，1979年以降に増加した全体の半数に及ぶ屋台は，旧城下町と村落の間，すなわち市街地の進行に伴い，宅地化していった周辺地域に分布している（図24.3）．このことは人口動態，市町村合併の歴史と市境界の変化，さらには市街化のプロセス，いつ各屋台の奉納が開始されたかを重ね合わせて分析し，スケールのある図面に落とし込

む作業が大切である．

　1890（明治23）年以降，8回にわたり市町村合併は繰り返されてきたが，1975（昭和50）年から1980（昭和55）年における市の境界線が定められた時期とそのさいの自治会の再編成が軌を一にしており，新しく再編された自治会を単位として，高度成長期以降の人口増加に伴い市街化して地区にできた新しい自治会に，屋台をもつことを許したことがこの祭礼の発展基盤といえる．伝統的な祭礼において，固定的な氏子のみしかかかわれないという考え方とは対照的な判断がなされた．1979（昭和54）年以降とは，西条市のコミュニティが旧市街を中心とする部落ベースから自治会中心となっていくその途上にあり，宅地化され新しくできたまちの新しい住民たちが屋台をもったということになる．そして，奉納を止めていた地区が自治会を組織するということを契機に屋台の奉納を再開しているケースもみられる．行政主体の自治会ではなく，住民ベースの自治会を始めることができた背景には，祭礼参加があり，新旧の住民が一つにまとまっていくシンボルとして，祭りは大きく貢献したと考えられる．このようにだんじりの所有形態がコミュニティ形成の決定因子であることを図面化することができた．

b. 柔軟な運営のかたち

　西条祭りでは，屋台を経済的に支援する経費負担と実際の屋台運行を支える舁き夫を一体的に運営しないことが特徴的である．祭りを支えるコミュニティの単位は境界が明確な自治会ではなく，領域が曖昧である部落であることが再確認され，奉納時期や地域性が異なるなどの屋台においても，自部落内の舁き夫が自治会の区分外であったり，自部落外の舁き夫が自治会の区分内であったりと自部落の領域と自治会の区分がずれていることがアンケート調査からわかった．また，自部落外の舁き夫において，かなりの割合の人々が地理的に離れた所から舁き夫として参入している．屋台の所有（経費負担）と屋台の運営管理（運行）にかかわる人の領域性は自治会という同心円内に入るという単純なものではない．経費負担は伝統

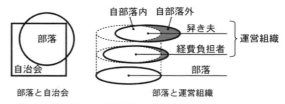

■図24.4　屋台の運営形態の基本構造

■図24.5　宮出し（左）と宮入り（右）

的な祭礼に共通してみられるように外部に閉鎖的であるのに対して，舁き夫は外部に寛容であるということを図24.4で示すことができた．

　すなわち，西条の部落は地縁という空間的なまとまりと人的ネットワークという社会的まとまりの二つの性質を有しながら，明確な境界によって定義される領域とは異なる柔軟なコミュニティとして位置づけられる．屋台の所有と祭礼の運行にかかわる人が微妙にずれながら，部落の領域という歴史的な境界と，線引きされた行政主導の自治会の領域のずれを吸収している．古いまちと新しいまちでは，部落と自治会のずれ方が違うので，前者では経費負担はほぼ自部落内で占めているのに対して，後者では，部落外の者でも経費負担に参画する．舁き夫の割合も新しいまちの方が，外部比率が高い．ちなみに，舁き夫は筆者のような大阪に居住する者でもなることができる．所有でも運営管理でも，部落や自治会を越えて参加することができる．このように，伝統的な祭礼でありながら，屋台は一つのブランド，まちのアイデンティティとして象徴化してきたのである．

〔木下　光〕

〔文献〕

石川仁生・木下光・丸茂弘幸・長友伸介（2003）：運営形態からみた西條祭りの内発的発展の基礎的条件に関する研究，2003年度第38回日本都市計画学会学術研究論文集，877-882.

佐賀市

第25章 製菓業の変遷とまちづくり

25.1 製菓業からまちを知る

a. 佐賀の製菓業

佐賀市には，製菓業[*1]を営む事業所が数多くある．南蛮由来の名菓も多い．それは，1634（寛永11）年に江戸幕府の鎖国政策の一環として長崎に出島が築造され，砂糖輸入の窓口となり，長崎街道を通じて全国に広まっていったことにもよると考えられる．佐賀鍋島家は1642（寛永19）年から黒田家と隔年で長崎警護役を務めていた．そのため，佐賀には南蛮由来の情報や技術が入りやすい状況にあった．このような状況が製菓業の立地につながり，盛衰しながら名菓を残し，今日までの市街地の形成や発展にも寄与してきたと考えられる．

b. シュガーロードとまちづくり

佐賀市では，近年，長崎街道をシュガーロードと位置づけ，まちづくりに取り組もうという動きがある．シュガーロード協議会と称して長崎街道沿いの市町村が集まり，それぞれの連携を深めよ

うという取組みもある．佐賀市はその中心的役割を担っており，市内の製菓業の発展を知ることは佐賀のまちづくりの機運を高めるのに役立つだろう．

c. 佐賀の製菓業を調べる

それでは，長崎街道から広がっていった製菓業に焦点をあて，佐賀市街地における変遷について読み解こう．

なお，佐賀市を調査範囲とし，江戸期（25.2）と明治期以降（25.3）を分けておこなう．

1）江戸期の製菓業の抽出

江戸期については，『佐嘉城下町竈帳』[*2]（以下，竈帳）を用いて，江戸時代末期の製菓業の分布を把握する．

2）明治期以降の製菓業

明治期以降の製菓業は，「日本全国商工名鑑等」（以下「名鑑等」）をもとに過去の製菓業の存在を抽出する．本調査に用いる「名鑑等」のおもなものの記載内容は以下のとおりである．

『日本全国商工人名録』（商工社，1892（明治25）〜1925（大正14）年）：全国府県別に網羅的に商工業者が収録されており，第三版以降は，府

[*1] 製菓業とは菓子の製造をおこなう業種と定義できるが，本調査においては，菓子の製造をおこなっている事業所の工場・販売店・卸店を総称して製菓業とする．なお，菓子は大きく和菓子と洋菓子に分けられる．一般に，和菓子とは明治以前からある菓子で，有史以来のわが国独自の菓子，奈良・平安時代に中国の唐から渡来してきた菓子，安土・桃山時代に南蛮より渡来して定着し育てられた菓子（南蛮由来菓子）を総称したものであり，洋菓子は明治維新以降西欧文化とともに導入され普及した菓子をさしている．

[*2] 1854（嘉永7）年，佐賀城下各町の役人が藩庁に提出した佐賀城下町を構成する住民の基本台帳．竈を基本単位として，居住者の帰依寺，屋敷の所有者，居住者の身分と職業，家族の氏名，年齢に至るまで記載．佐賀大学名誉教授三好不二雄・嘉子夫妻が10年余りの歳月をかけて古文献を翻訳した史料で，黒墨書きの文字を現代の文字に書き換え活字化され，1990（平成2）年に九州大学出版会から出版された．

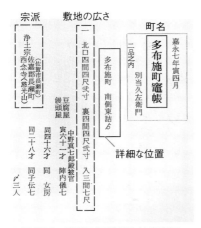

■図25.1 竈帳の記載例と抽出項目

■図25.2 佐賀城下町における製菓業の町別分布（『佐賀城下町竈帳』嘉永7年），数値は製菓業者数

県別，業種別に営業税10円以上の商工業者がすべて収録され，かつ所得税，営業税の額が克明に調査，記載されている．

『大日本国商工信用録』（博報社，1912（大正元）～1936（昭和11）年）：タイトルは「帝国商工信用録」となっている場合もあり，全国の銀行・会社を収載している．記載事項は，所在地，資本金，設立年月，役員名，営業税額などである．

『佐賀県商工名鑑』（堂屋敷竹次郎著，すいらい新聞社，1907（明治40）年）：佐賀県の商工業者を記載してあり，営業種目，業態，名称（会社名，屋号），代表者名，所在地（町名以降の記載もあり），電話番号，資本金，創立年月日など，詳細な記載がみられる．

現状の製菓業については佐賀市タウンページ（西日本電信電話株式会社）より抽出し，アンケートで当該製菓業の立地時期などを補足調査する．そして，時代ごとにその変化を読み取る．

25.2 江戸期の製菓業

a. 製菓業の抽出

まず，竈帳を用いて，江戸期における製菓業の分布を明らかにする．図25.1に竈帳の記載例と抽出項目を示す．抽出項目は，直線で囲まれた町名，職業，店主名とする．詳細な位置に関しては，町ごとの記載方法が異なり，場所を特定できる地番とできない地番にかたよりがみられるため，竈帳においては，町区分での分析をおこなう．

竈帳（嘉永7年）に記載されている佐賀城下町の製菓業一覧の一部を，表25.1に示す．1854（嘉永7）年の製菓業数は114件であった．

b. 町別分布

竈帳に記載してある製菓業の分布を町別に示すと，図25.2のようになる．町別製菓業数では，38町のうち30町に製菓業があり，材木町が東・西・下西を合わせて19軒と最も多く，ついで八戸宿が11軒である．蓮池町，唐人町，西魚町が最下数で1軒であるが，複数以上ある町が30町のうち27町に及び，城下町全体に分散していたことが読み取れる．

c. 製菓業種別の割合

竈帳に記載されている佐賀城下町製菓業の構成は，菓子25％，飴 おこし26％，饅頭22％，もち15％，煎餅2％，落雁10％であった．ここで，菓子・飴おこしは南蛮由来菓子であり，饅頭・もち・煎餅・落雁は和菓子である．なお，竈帳に菓子屋，菓子店，菓子作り，菓子作職，御用御菓子屋，菓子商売とあるのはすべて菓子にしている．これからみると，菓子と飴 おこしが50％強を占めており，佐賀に南蛮由来菓子を製造販売する製菓店が多かったことが読み取れる．

●第25章　佐賀市—製菓業の変遷とまちづくり

■**表25.1** 佐賀城下町の製菓業の抽出例(『佐賀城下町竈帳』
嘉永7年)

町　名	職　種	名　前
下今宿町	まんちう屋	政五郎
	菓子屋	江嶋儀平太
紺屋町東	餅　○ん重店	町人半兵衛
	飴　おこし店	町人岩右衛門
紺屋町西	飴　おこし店	町人市太郎
	飴屋	町人儀三郎
材木町東	まん頭店	野中徳兵衛
	菓子店	家永萬平
	あめ屋	町人勘助
	まんちう店	高田貞兵衛
材木町下西	まんちう店	町人善助
	菓子作り	町人清太夫
	餅屋	町人恵助
	まんちう店	吉田半左衛門
	まんちう店	織田宗右衛門
	飴屋	野口長吉
	飴　おこし	山崎平三郎
	飴屋	夏秋忠兵衛

　また，**表25.2**に照らし合わせると，南蛮由来菓子店は材木町が東・西・下西を合わせて11軒と最も多く，他の菓子店が6軒，4軒と続いていることがわかる．これらのことから佐賀の南蛮由来菓子が江戸期から定着していたということができる．

25.3 明治期以降の製菓業

a. 製菓業の事業期間の特定

1)「日本全国商工名鑑等」からの推定

　前述した「名鑑等」をもちいるが，記載内容に相違があり，照合して事業期間を推定する必要がある．以下にその推定例を示す．

　図25.3は，平石松原堂（佐賀市松原町）の例である．創業が1927（昭和2）年であるが，1929（昭和4）年から1940（昭和15）年にかけては，「名鑑等」に記載がない．後の文献の表記および創業年により，存在していたと推定して△印で表記した．一方で，文献中に記載がある1956（昭和31）年，1960（昭和35）年，1965（昭和40）年を○印で表記した．1969（昭和44）年には代表者名が変更されていたが，町名，番地，会社名および屋号の変化がないため，事業は継続していたと推定される．

2) アンケートからの特定

　「名鑑等」のみでは創業年などが把握できないものもあったため，とくに現在営業している製菓業者に対してアンケートをおこなって，創業年，代表者名，事業所の分類と創立年（支店，移転歴がある場合は以前の事業所も対象とする），事業所の業態，所在地の把握をおこなった．

　図25.4は，アンケートによって把握した湖月堂の事業期間把握の結果である．▲印の表記はアンケート調査により判定できる箇所を表す．文献では2011（平成23）年度にのみ記載されていたが，創業年は1968（昭和43）年であることがわかった．

b. 名称からの業態の特定

　製菓業事業所の業態について，事業所の名称（屋号・会社名）に着目して特定する．業態の分類は，工場，工場付き店舗，店舗，その他とする．文献やアンケート調査の記載より，名称から工場，店舗，工場付き店舗を分類した．たとえば，「たけや製菓」は「製菓所」という点から工場，「小野菓子店」は文献中の記載より店舗とい

■**表25.2** 佐賀市街地の製菓業一覧(「日本全国商工名鑑等」，明治期以降(一部))

町名	会社名・屋号	氏名	所在地	種別	南	飴	和	餅	饅	駄	洋	事業所分類 文献記載	事業所分類 名称等	江戸	M35	M40	M44	T2	T3	T5	T7	4	S48	S58	H23	創業年、備考
下今宿町	㈲香田製菓工場	山口稔	下今宿町	あられ									工													
	香田製菓	山口稔	北川副町木原2丁目19-6			1						工	工										○	稔	○	
	香田製菓	渡辺昭典	金立千布635-1			1						工	工										○	○	○	昭和62年
	㈲園田製飴所	園田種吉	下今宿町	飴			1					製	工													昭和19年
今宿町	大坪製菓		今宿町	南蛮	1							住工店	工店													
	大坪製菓所	大坪五郎	材木町4丁目(榎橋)		1							住工店	工店													明治28年
		大坪タケコ	材木町4丁目8-30		1							住工	工									○	○			
	大坪製菓㈱	大坪タケコ	北川副町木原3_11		1							工	工									○	○	○		
	大坪製菓㈱	大坪恵介	木原3_16_15		1							工	工											▲	○	
紺屋町	たけや製菓所	久保次男	紺屋町	南蛮	1								工		△	△	△	久								明治17年
	本村せんべい店	本村篤	紺屋町5_9	煎餅				1				住工	工				△	△	△	○						昭和30年

25.3 明治期以降の製菓業

■図25.3 「日本全国商工名鑑等」による製菓業事業期間の推定例（平石松原堂）

■図25.4 アンケートによる事業期間の推定例（湖月堂）平成18年に天神より本庄鹿子に移転した

うように推定した．

c. 今日まで残る製菓業

1）江戸期から残る製菓業

明治から現代にかけての佐賀市の製菓業事業所が確認できたのは，表25.2（紙面の都合上，一部のみ記載）のとおりである．

これによると，竈帳で確認できて明治以降も残っていた製菓業は，古川源四朗（柳町），村上小四郎（柳町），中溝菓子店（呉服元町），鶴屋菓子舗（西魚町八丁馬場），徳永飴総本舗（金立町）の5軒であり，佐賀城下町外の本村葉隠堂（川副町）を加えて計6軒である．しかし，古川源四朗，村上小四郎は戦前で滅失しており，今日に残るのは4軒のみであった．

2）明治期の製菓業

明治期に創業した製菓業は，江戸期からのものを除くと11軒である．これらのうち，今日まで残る製菓業は北島（白山町），曙菓子舗（東魚町），高橋餅屋（嘉瀬本町）の3軒である．

3）大正期の製菓業

大正期に創業した製菓業は26軒にのぼるが，大坪製菓（今宿町），山崎菓子店（松原町），都せんべい本舗（高木瀬町），塚原邦男最中種店（嘉瀬町），牟田製菓店（川副町）の5軒が残る．

4）昭和初期の製菓業

昭和初期（戦前）に創業した製菓業は23軒であり，おぼろ月本舗小川菓子舗（蓮池町），ホームラン堂（愛敬町），村岡屋本店（神野町），やつだ屋（富士町），白玉饅頭本家池の家（富士町）の5軒のみが残る．

このように，佐賀における製菓業の盛衰は著しく，平成23年でも117軒が営業を続けているが，そのうち昭和初期以前から現在も残る製菓業は，17軒であることが明らかになった．

江戸時代の竈帳から製菓業関連を抽出し，明治期の「名鑑等」と比較した結果，佐賀城下町における南蛮製菓業は製菓業全体の50％にのぼり定着していたこと，それらのうち明治になって「名鑑等」に記載されたものは少ないことが明らかになった．小規模で対象にならなかったこともあるが，明治になって廃業・転業したものも多いと考えられる．また，「名鑑等」ならびにアンケートより，明治・大正・昭和初期において創業し現在まで残る製菓業を特定することができた．

［三島伸雄］

［文献］

三島伸雄（2010）：「第2章 佐賀における製菓業の変遷」，『シュガーロード調査報告書』，NPO法人活気会．

三好不二雄，三好嘉子編（1990）：『佐嘉城下町竈帳』，九州大学出版会．

謝辞

本章は，筆者の指導のもとで福見玲那（佐賀大学理工学部都市工学科）が2011（平成23）年度卒業研究として取り組んだものを整理して書き下したものである．また，NPO法人活気会（理事長：三島伸雄）が佐賀県まちづくり支援事業の補助を受け，調査実施した．

第26章 佐賀県鹿島市肥前浜宿 避難経路の住民認識調査

26.1 火災に弱い歴史的まち並み

a. 歴史的まち並みの避難経路計画の必要性

　歴史的まち並みは地域の伝統や文化のシンボルであり，近年，「歴史文化を活かした美しいまちづくり」が全国都市再生のテーマの一つでもある．しかし，狭隘な街路沿いに伝統的建築物が建ち並び，火災などの災害に弱い．その一方で，狭隘な街路自体が歴史的価値を有しており，拡幅することは望ましくない．そのため，一般市街地とは異なる防災対策が必要であり，災害時の避難が的確におこなわれることが望まれる．

　重要伝統的建造物群保存地区（以下，重伝建地区）では，その保存計画を遂行するために，建築基準法の緩和条例を制定し，その代替措置として災害時に住民が安全に避難できるような避難計画を策定することも求められている．

　とくに木造建築物などが地震時に倒壊して玄関部や狭隘な前面道路が閉塞されてしまう可能性も高いため，近年では，家屋から身の安全を寄せる場所（以下，「安全確保の場」：幅員4ｍ程度の道路，空き地，駐車場など），そして避難地までの二方向避難の経路を確保することも望まれている．

b. 狭隘道路に茅葺町家が建ち並ぶ肥前浜宿

　対象地とする佐賀県鹿島市肥前浜宿は，多良岳山系に属する浜川河口の在方町に起源すると考え

られ，有明海に面する川港として成立し，鎌倉時代には大村氏が居館を構え，江戸時代には長崎街道 多良海道の宿場町，そして有明海に臨む港町として栄えた．佐賀平野の米，多良山系浜川の伏流水で酒がつくられ，酒蔵が少ない長崎地方への酒の輸送基地としても発展し，昭和初期には十数軒もの醸造所があった．このように在方町，港町，宿場町，醸造町としての多様性があり，多良海道沿いやその裏手に大型の酒蔵や茅葺町家が残り，景観的な特徴を形成している（図26.1）．

　この肥前浜宿を重伝建地区にしようという活動がおこなわれ始めたのは1990（平成2）年にさかのぼる．その当時から文化庁が注目していたのは，とくに茅葺町家が数多く残る浜 庄 津町浜金屋町地区（以下，庄金地区）である．漁業を生業とする町家として茅葺が密集して残るのは全国的にもほとんどない．しかしながら，地区全域が都市計画区域内で法22条地域か準防火地域に指定されているために屋根の不燃化をはかる必要があり，茅葺町家の保存は制度上防災面も含めて多くの課題があった．通称「酒蔵通り」とよばれるエリアについても，大型の酒蔵を転用するにあたって建築基準法上の面積区画をする必要があるなど，活用面での課題も抱える．

　2006（平成18）年4月，肥前浜宿の2地区が重伝建地区に選定された．庄金地区は，「茅葺町家と桟瓦葺町家が軒を連ねる在郷町」で，2ｍにも満たない街路沿いに茅葺町家が建ち並ぶ．浜中町八本木宿地区（以下，八宿地区）は，「酒蔵と

26.3 住民認識調査の結果

■図26.1 対象地の狭隘道路と茅葺町家

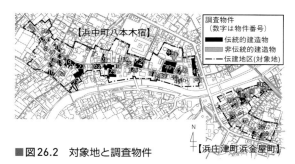

■図26.2 対象地と調査物件

居蔵造町家が建ち並ぶ醸造町」で，江戸期から昭和初期にかけての大型酒蔵がその景観を特徴づけている．保存計画を実現するために，2010（平成22）年12月，鹿島市都市計画における当該地区の準防火地域が解除され，建築基準法の緩和条例も制定された．代替措置として修理の際に出口を二つ設けることが必要であるが，将来的に家屋から指定避難地までの二方向避難を確保することが望まれる．

26.2 住民認識調査の概要

a. 調査の目的

肥前浜宿の重伝建地区において，住民が日頃認識している「家屋の出入口と，そこから安全確保の場までの避難経路」（以下，避難経路）を明らかにし，今後の当該地区における各家屋からの二方向避難確保に資することを目的とする．

b. 調査の方法

1) 全体フロー

調査では，住民ヒアリングによって，家屋からの出口や安全確保の場を住民がどのように考えているかを把握する．災害は玄関部や街路の閉塞がありうる大規模火災もしくは震災を想定し，最終目的地は避難地に指定されている小学校とする．その空間実態をふまえて各経路の避難利用可能性を，問題のない経路，小さな問題のある経路（例：段差，別建物を通る），大きな問題のある経路（例：高窓，狭い建物間を通る），不可能な経路に分類する．そのうえで，対象地における二方向避難確保の可能性を考察する．

2) 調査物件

調査物件は計69件である．そのうち伝統的建造物は，八宿地区28件，庄金地区12件の計40件であり，それらは複数棟立地する13件と単棟立地する27件に分けることができる．また非伝統的建造物は，八宿地区20件，庄金地区9件の計29件である（図26.2）．

3) ヒアリングの方法

当該2地区の住民に対して直接訪問方式でヒアリングをおこなう．まず敷地周辺で「安全確保の場」をあげてもらう．つぎに，家屋からの出口とそこから「安全確保の場」までの経路を二つ以上示してもらう．その手順は以下のとおりである（図26.3）．

① 第一に使う避難経路をあげてもらう．出口は通常使う出口とする．
② 第二に使う避難経路をあげてもらう．通常使う出口がほかになければ，緊急避難時に使う出口とする（少なくともここまでは必ず回答してもらう）．
③ 以下，つぎに考えられる避難経路を順次あげてもらい，考えられなくなるまで続ける．

26.3 住民認識調査の結果

a. 安全確保の場

庄金地区での住民ヒアリングであげてもらった

● 第26章　佐賀県鹿島市肥前浜宿—避難経路の住民認識調査

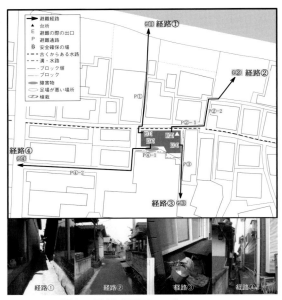

■図26.3　調査の例（物件番号：55）

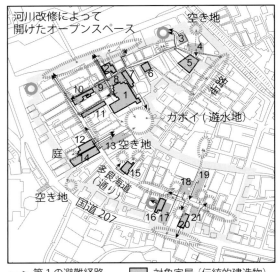

■図26.4　安全確保の場（庄金地区）

安全確保の場を図26.4に示す．安全確保の場の多くは，前面道路や空き地，駐車場であり，そこからさらに避難地までいくのに閉塞さえされなければ問題はない．しかし，家屋裏側の安全確保の場には，隣家の庭や，雑草が生い茂っている「ガボイ」とよばれる遊水地（図26.4）もあり，現時点では通常の避難に適していないところもあげられていた．

b. 避難経路の分類結果

調査された避難経路の分類結果を表26.1に示す．この結果をみてもわかるように，第一の避難経路は1件（物件番号：68）を除いて，ほとんど問題なく避難できる．この1件も，玄関側から出る経路については問題なく，そういう意味では，調査した家は少なくとも一つの避難経路は確保できるといえる．

第二の避難経路は69件中56件が問題ないという結果を得た．問題のある13件のうち，4件は狭い空間や境界の段差がある，もしくは別建物を通る経路である．8件は，水路などの障害物を越える経路である．1件は，隣家への経路であり，最終避難地への経路について問題が残る．

第三〜第五の経路について，最も問題として浮かび上がったのは障害物を越えなければならない経路が多くあがったことである（第三経路で16，第四経路で8）．とくに，高窓や水路などを越えなければならない経路や，水路やブロック塀を乗り越えて避難したり，屋根から飛び降りたり屋根伝いに避難するといった経路もある．

このように，被験者が考えている経路は，実際には避難が不可能なものや，高齢者には困難あるいは危険であると考えられるものも多くある．住民の考えに意外なものがあるのは，経路の確保が困難な家屋では当然考えられることであるが，とくに高齢者などの災害弱者には無理な経路である．対象地とした八宿地区と庄金地区の住民が考える避難経路について，問題点が浮かび上がったといえる．

c. 二方向避難の確保

表26.1において，問題のない避難経路が一つしかない物件を抽出したところ，伝統的建造物単棟で4件（物件番号：14，21，49，53），非伝統的建造物で3件（物件番号：50，66，67）の計7件だった．避難地までの二方向避難の確保が求め

表26.1　避難経路の分類結果（一部抜粋）

対象物件の種類	図26.4番号	物件番号	字名	避難経路の聞き取り内容			
				経路①	経路②	経路③	経路④
伝統的建造物複数棟	1	56	庄金	寺本堂の出入口から川沿いの広場へ	玄関から寺参道を通って通りへ	縁側からガボイへ	風呂かWCの窓から隣の空地へ
伝統的建造物単数棟	2	49	南船津	玄関から通りか寺の敷地へ	窓から裏の道路へ	窓から通り向かいの駐車場へ	—
	5	52	南船津	玄関から浜川へ	裏戸から建物間を抜けて道路	縁側からガボイへ	—
	6	53	南船津	玄関から路地を通って駐車場へ	横の窓から道路かガボイへ	2階窓から隣家屋根伝いに道路へ	—
	7	54	南船津	台所勝手口からガボイへ	玄関から通りか、浜川へ	横戸から隣地を通って通りへ	—
	10	58	南船津	玄関から浜川か、前の駐車場へ	横戸から浜川へ	裏戸から建物間を通って通りへ	—
	11	59	庄金	店出入口から浜川へ	店横出入口から参道を通って浜川か、ガボイへ	隣家との壁を壊して隣家に行き、外へ	—
	12	60	庄金	玄関から前の駐車場へ	裏口から庭へ	—	—
	14	62	庄金	店出入口から前の駐車場へ	裏口から向かいの空地へ	2階窓から外へ飛び降りる	—
	15	63	庄金	玄関から隣の空地へ	裏口もしくは縁側から庭へ	—	—
	16	64	庄金	裏口か縁側から横の空地へ	玄関から前の家の駐車場へ	窓から隣家を通って通りへ	—
	20	68	庄金	裏窓から道の反対側へ	玄関から向こうの空地へ	玄関横の縁側から前の通りへ	—
非伝統的建造物	3	50	南船津	玄関から掃出窓から浜川へ	他の窓は高さがあり使えない	—	—
	4	51	南船津	玄関から隣部屋の窓から通りへ	裏口から裏の空地へ	縁側から隣の庭へ	部屋の窓から浜川の空地へ
	8	55	南船津	玄関から路地を通って浜川へ	勝手口から通りに出て駐車場へ	窓から参道を通って通りへ	風呂場の窓から隣家の庭へ
	9	57	南船津	玄関か縁側か、横の窓から寺へ	裏口から寺を通って通りへ	—	—
	13	61	庄金	店出入口から通りへ	横戸から駐車場へ	裏口からガボイへ	—
	17	65	庄金	玄関から前の通りへ	縁側から国道へ	勝手口から隣地へ	もう一つの勝手口から隣空地へ
	18	66	庄金	玄関から前の空地へ	窓から裏の空地へ	—	—
	19	67	庄金	玄関から通りへ	窓から空地へ	—	—
	21	69	庄金	玄関から前の広場へ	勝手口から前の通りへ	窓から出て通りへ	—

避難　問題のない経路　　　避難　狭い空間や境界の段差がある、もしくは別建物を通る経路

避難　障害物を越える経路　　避難　隣家への避難経路

問題のない経路が1のみの家屋

られている点では問題があり，保存修理や修景・改修工事などをおこなうさいに二方向避難を確保することが望まれる．

物件番号：14では，隣家との間を通り抜けて避難する経路しかない．隣家との間を常に通れるようにしておくことが必要である．物件番号：21，49，53は高窓を出ることになる．伝統的建造物としての価値を損なわないように，窓の改造もしくは別箇所の出口を設ける必要がある．物件番号：50，66，67は，非伝統的建造物なので，高窓を掃き出し窓などに改造して避難ができるようにすればよい．

26.4　安全確保の今後に向けて

肥前浜宿の重伝建地区2地区における家屋から安全確保の場までの避難経路について，住民の認識を調査し，調査家屋の二方向避難確保に関する基礎的な課題を明らかにすることができた．

低平地に位置する町であるので，火災時でも高台への最終避難が望まれている．今後の課題として残っている．

［三島伸雄］

［文献］

鹿島市教育委員会(1999)：『肥前浜宿：鹿島市浜宿伝統的建造物群保存対策調査報告書』，鹿島市．

謝辞

本章は，筆者と田口陽子助教（当時）の指導のもとで宮本尚美（佐賀大学理工学部都市工学科）が2009（平成21）年度卒業研究として取り組んだものを筆者が整理して書き下したものである．また，調査においては，鹿島市，浜町区長会，ならびに地元のまちづくり団体「NPO法人肥前浜宿水とまちなみの会」に協力していただいた．

第27章 長崎県島原市鉄砲町 地方の武家地の景観資源・石垣の調査

27.1 島原市鉄砲町のまち並み

　島原市鉄砲町は，1616（元和2）年に大和国五條から入封した松倉重政が島原城を築城し城下を整備したことに起源する下級武家地として，今日，島原の観光地の一つであり，まち並み保存活動がおこなわれている地区である．雲仙岳の裾野である扇状地先端部に立地しており，西から東へ緩い傾斜があるなかに階段状に敷地割され，中央に水路を有する街路が南北方向に走り，その両側に茅葺きの武家住宅や瓦葺きの近代和風住宅を石垣で囲う屋敷地が連続することが特徴である．地方の武家地とその近代化を伝える地区として貴重な存在である（図27.1）．

　そのまちづくりにおいては，昭和50年代に景観整備の一環として市の助成で石垣整備などもおこなわれている．しかしながら，そのなかにはコンクリートに石張りをして新たにつくったものも散見され，本来の歴史的景観としていかなるものだったのかという検証が十分なされずにおこなわれている．

　ここでは，長崎県島原市鉄砲町の保存対策調査でおこなった景観資源調査の一部として，石垣の調査結果を紹介する．

27.2 石垣の類型と分布

a. 石垣の類型

　鉄砲町の石垣は，石の切り方と積み方で，おおむね以下のように分類できる．

1) 野面石乱積み（図27.2）

　野の石を積み重ねる石積みの形式．大きさが揃っていない石をそのまま積み重ねるため，石垣としては堅固さにかける．鉄砲町の場合，どちらかというと野面石の大きさは小さく，宅地の外からめだたない側に用いており，街路側にはあまりもちいられていない．

2) 打込み剥ぎ乱積み（図27.3）

　金槌で積み石の角を少々叩き，石の合端がいくらかかみ合うように側面を整えるが，石の形や大きさはふ揃いで，水平の目地は通っていない．石を堅固に積むために，下部には根石も用いられている．加工技術が発展する前の積み方であり，比較的古くからある．鉄砲町においても，敷地造成で雲仙から有明海に向けての傾斜を処理する方法

■図27.1　鉄砲町下ノ丁のまち並み景観

27.2 石垣の類型と分布

■図27.2　野面石乱積み

■図27.3　打込み剥ぎ乱積み

■図27.4　打込み剥ぎ布積み

■図27.5　切り込み剥ぎ布積み

■図27.6　切り込み剥ぎ異形亀甲積み

として，比較的早い時期からもちいられていたと考えられる．

3）打込み剥ぎ布積み（図27.4）

乱積みに対して，石の大きさを揃え，竪目地は通さないで横目地は水平に通し，一つの積石が下の二つの積石にほぼ半分ずつかかり，上の荷重が下の積石にほぼ均等にかかる積み方．隣の積石との間に大きな隙間が生じた場合に小さな積石（友飼い石）を入れる場合もある．鉄砲町では，江戸末期や明治前期の建造物に多くもちいられている．

4）切り込み剥ぎ布積み（図27.5）

鑿や鏨で積石を加工して石の大きさを揃え，横目地は水平に通して石と石とを密着させる積み方．石の加工技術の発達とともにもちいられるようになる．鉄砲町では明治前期以降の石垣にもちいられており，乱積みや打込み剥ぎ，あるいは異形亀甲積みの石垣の上に積み重ねられている事例もある．

5）切り込み剥ぎ異形亀甲積み（図27.6）

石をより堅固に積むために六角形の亀甲形に加工しているが，正六角形ではなく，形は不整形にしている．切り込み剥ぎと同様の加工法を用いて，石の隙間はほとんどないように加工している．鉄砲町の場合，もちいられるようになった時期は遅く，大正期からであると考えられる．

6）石垣＋イタビカズラ（図27.7）

鉄砲町には石垣の上にイタビカズラが生えているものも多く，これを住民たちは生垣ともよんで

● 第27章　長崎県島原市鉄砲町―地方の武家地の景観資源・石垣の調査

■図27.7　石垣+イタビカズラ

いる．イタビカズラはクワ科イチジク属の常緑つる性木本，雌雄別株で，よく分枝し，枝から気根を出して崖や岩場，樹木などにからみつく．密生しているために石垣の類型が判別できないものも多い．鉄砲町でいつ頃から発生してきたか不明である．

7）低布積み+生垣

鉄砲町では，地盤の傾斜を処理するために，布積み2段程度の低い石垣を積み，その上に生垣が繁生する形式がみられる．石垣よりも風通しのよいこの形式は，前述したように鉄砲町ではむしろ近世に多く用いられていたと考えられる．

b. 石垣の分布（図27.8）

景観資源としての石垣の分布を図27.8に示す．ここでは，伝統的建造物群としての景観資源であるため，昭和50年代後半に市の補助によって築造されたものや，近年積み直されてモルタルで目詰めされた練石積みは，伝統的価値を有しないものとして省く．なお，前者は石垣の構造補強のためにコンクリートが裏打ちされているので，裏側から見れば簡単に判別できる．

ここでわかるのは，以下のようなことである．
① 下ノ丁，中ノ丁，古丁のあたりに石垣が多く残されていること．
② 下ノ丁中央部分には布積みの石垣が比較的多く残っていること．
③ 中ノ丁，古丁にはイタビカズラが生えている石垣や異形亀甲積みの石垣が多いこと．
④ 中ノ丁には生垣が残っているところもあること．

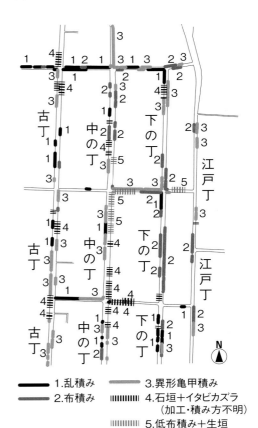

■図27.8　鉄砲町の石垣の分布

27.3　石垣の復原的考察（鈴木普二男家の場合）

a. 対象宅地の概要

下ノ丁の西側の敷地で，江戸期の宅地を2筆合筆した規模の屋敷地で，東面して平入本二階建切妻造桟瓦葺真壁造の近代和風住宅が建つ．その建物は，随所に角釘が用いられ，明治前期の建築と推定される．瓦にこの建物を建てた「坂本」の紋がある．外構は，敷地南側裏に桟瓦葺の腕木門があり，角釘が用いられており，建物と同様に明治前期のものと推定できる．

b. 石垣の現状とその分析

鈴木普二男家の宅地には，27.2の「a. 石垣の類型」で記述した石垣が混在している．数度にわたる改修があった結果であると考えられる（図27.9，27.10）．

27.4 景観資源としての石垣

■図27.9 鈴木普二男家の石垣外観

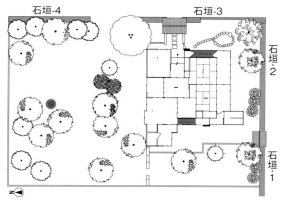

■図27.10 鈴木普二男家の配置図（島原市教育委員会，2009）

石垣-1：打込み剥ぎ布積みの石垣である．南東角には下方に敷地排水口が設けられている．建物は明治前期の建築であると推定されること，この石垣の途中に存在する腕木門は角釘が使用され，建物と同じ明治前期の建造と考えられること，腕木門と石垣の接合部分にはとくに改修はみられないことから，この石垣は腕木門と建物と同じ明治前期の築造と考えることができる．

石垣-2：敷地南東角の南側部分で石垣-1とつながる．角からそのまま連続して切り込み剥ぎ異形亀甲積みになっている．石垣-1より後世になって，建物の改造時に改築されたものと推定され，大正期のものであると考えられる．正面門については，門柱跡があり，当時は冠木門であったと推定される．

石垣-3：上部と下部とで積み方が異なる．下部は石垣-2の連続で打込み剥ぎ異形亀甲積みであり，その上端が敷地の地盤レベルと同じであ

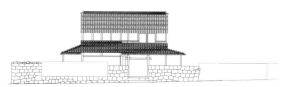

■図27.11 鈴木普二男家復原立面図（島原市教育委員会，2009）

り，敷地と道路の段差を処理するために用いられている．上部は細長い打込み剥ぎ角石の布積みで，座敷前の庭園部分に位置することから築造時は生垣だったと推定されるが定かではない．

石垣-4：打込み剥ぎ乱積みの練り石積みである．車庫への出入口部分は角切りされている．戦後になって車を通すために石垣を崩して積み直したものである．

c. 復原について

現石垣は石垣の変遷を示す好例である．石垣-3と車庫出入口部分を除き，伝統的建造物として特定できる．すなわち，ほぼ現状どおりとし，石垣-3の布積みになっている部分を生垣，門を冠木門として復原する．駐車場の部分がどのような石積みだったかは明らかでないので，不明とする（図27.11）．

27.4 景観資源としての石垣

鉄砲町の石垣は，従来，雲仙岳からの緩やかな傾斜を受け止めて宅地を造成する石垣としてつくられたものだと考えられる．江戸期の石垣としては，いくぶん低い石垣が多く，その上に生垣を配して風通しがよかったものが，明治期から大正・昭和になるにつれ，徐々にプライバシーが重んじられて高くなっていったと推察される．これらの石垣も含めて，島原鉄砲町は，わが国の武家地の近代化を伝えるものとして大切にすべき歴史的景観を今日に伝えている．

［三島伸雄］

［文献］
島原市教育委員会（2009）：『島原鉄砲町：島原市鉄砲町伝統的建造物群保存対策調査報告書』，島原市．

鹿児島市

第28章 市街地に積み重なる歴史

28.1 桜島に向かう骨格の形成

鹿児島のまちの特徴は広々とした街路と雄大な桜島への眺望にある．この多くは，第二次世界大戦後の戦災復興によるものとされるが，実際は，薩摩藩の時代から西南戦争の復興を経て，路面電車の導入まで，丁寧に積み重ねられた都市改造の集大成が戦災復興であった．

鹿児島のまちは，島津氏による鹿児島城の変遷を追って形づくられており，中世の東福寺城に始まり，清水城・内城と移動して，1602（慶長7）年，島津家久の時代に鶴丸城へ移る（詳細は揚村ほか，1991）．鶴丸城下において，武家地は，室町期の古城があった武岡の山頂をさす千石馬場と城山山頂の山城を基点とした三宮橋通りを基軸に，六十間を街区に格子状の町割がおこなわれた（図28.1）．

明治に入り鶴丸城一帯や隣接する山下町は，鹿児島県庁，裁判所などの公共施設用地として転用された．鹿児島の市街地は1877（明治10）年の西南戦争により市街地は大きな被害を受けたが，西南戦争の後期から鹿児島県令となった岩村通俊主導のもと，1878（明治11）年に鹿児島県による市街地の街路整備として，ボサド通りと広馬場通りの拡幅延伸および現在の朝日通りの新設がおこなわれた（図28.2）．

鉄道の開通や港湾整備の進捗に伴い，明治の骨格は大正・昭和と少しずつ改変される．なかでも

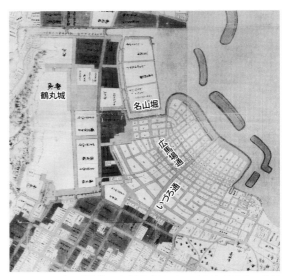

■図28.1 江戸時代の鹿児島（鹿児島県立図書館所蔵，薩藩御城下絵図（1859），筆者加筆）

路面電車の開通による電車通りの誕生は大きな改変の一つであろう（図28.3）．そして，第二次世界大戦後におこなわれた戦災復興区画整理によって，鹿児島中心市街地の骨格は大規模に改変される．鹿児島の戦災復興は鹿児島市戦災復興誌に詳しいが，ここで注目したいのは明治期の街路計画と戦災復興の関係である．西南戦争後の骨格であった朝日通り・ボサド通り・広馬場通りは戦災復興では大きな改変はおこなわれなかった．しかし，戦災復興によって，広馬場通りに平行する大門口通り，ボサド通りと平行するパース通りという具合に，桜島を焦点とした扇型街路骨格の考え

■図28.2 1989（明治22）年の鹿児島（2万分の1迅速測図，第六師団参謀部，明治22年測，国立国会図書館所蔵，筆者加筆）

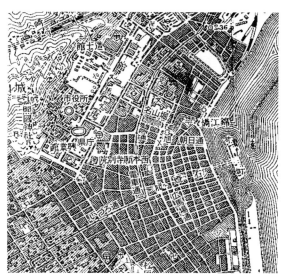

■図28.3 1916（大正5）年の鹿児島（2万5千分の1地形図，大正5年測，筆者加筆）

方が踏襲され，現在の鹿児島を代表する街路が生み出された（図28.4）．

　加えて，明治時代の県庁−朝日通り−桜島の関係は，現在の市役所−みなと大通り−桜島の関係と一致する．庁舎に広幅員街路をあてる計画は珍しくないが，鹿児島においては，庁舎から広幅員街路を経て海岸・桜島に向かうビスタを形成する考え方が，時代を超えて繰り返されている点はたいへん興味深い．

28.2　名山堀と公設市場

　現在の鹿児島市役所の東側，みなと大通りのすぐ脇に名山町という地名がある．

　地名は過去にこの地区を通っていた名山堀[*1]にちなむが，名山堀は，江戸初期に鶴丸城に移転したさい，前面の海に近すぎたこともあり，堀を設けその先を埋め立てたことに始まる．前述の地図の海岸線を見比べると，地先の埋立てが時代とともに進み，名山堀も南側陸地の形状に合わせて屈曲しながら東へ延びていくことがわか

---

*1　鶴丸城から堀に映る桜島が非常に美しいことから，「名山堀」とよばれるようになったといわれている．

る．1872（明治5）年の埋立てにより，易居町の東側に生産町という地名が登場，前項の明治の港湾修築により桟橋が設置された．

　一方で名山堀は徐々に市街地に取り込まれていく．路面電車の延伸は，加治木町通りの拡幅と同時に名山堀の南北部分の埋立てによって実現した．続いて北側の東西方向の堀も埋め立てられ，昭和初期には南側の東西方向の堀のみとなった．

　1935（昭和10）年には，鹿児島市役所が鶴丸城旧二の丸跡（現在の市立美術館）から山下町の電車通り西側に移転することになる．市役所予定地は，専売公社の山下煙草工場跡地であり，1921（大正10）年から跡地の脇に公設市場も設けられていた．市役所移転に伴い，東西方向の名山堀の一部を埋め立て，公設市場をそちらへ移動させ，市役所の移転が実行された．

　名山堀の最後に残った部分は，前述の戦災復興事業の目玉としてみなと大通りの整備に充てられた．名山堀が，各時代に必要な街路や都市機能を受け入れて徐々に埋め立てられていったことがわかる（図28.5）．

　今日，名山町として特徴的な界隈が残っている部分の多くは，公設市場から発展した名山堀市場があった部分にあたる．狭い路地の両側に本当に

● 第28章　鹿児島市―市街地に積み重なる歴史

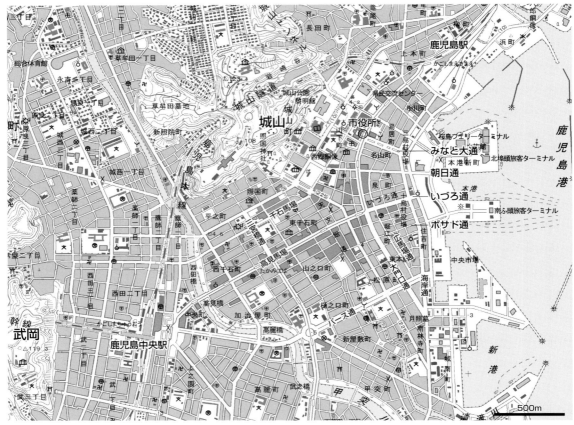

■図28.4　鹿児島市の街路（国土地理院，1/25,000地形図，平成16年．通り/施設名称筆者加筆）

■図28.5　①名山堀市場②名山堀③浮桟橋④第一桟橋（昭和28（1953）年，鹿児島市戦災復興誌より引用）

の昭和30年代の様子を当時の市街地地図をベースに地域のひとびとの記憶を聞き取り，再現したものである．戦災復興で埋め立てられる直前の名山堀の思い出や，さまざまな商店が立ち並ぶ様子が活き活きと再現されている．聞き取り調査は，地域の資源や興味深い事実に触れることができる重要調査だが，文献による裏づけがかかせない．一方で文献調査だけでは，そもそも文献や古地図のどこに注目すべきか，なかなか手がかりがみつからない．この取組みは，地域のひとびとへの聞き込みと文献にもとづく正確な調査を組み合わせた好例である．

小さな間口の店が立ち並び，飲み屋や駄菓子屋などが並ぶ様子が注目され，近年，地域でもまちを読み解く活動が活発化している．図28.6は，地域のNPOが鹿児島大学と協力して，名山町付近

28.3　歴史の重なりをまちの魅力に

鹿児島は幕末の歴史を中心に語られる機会が多

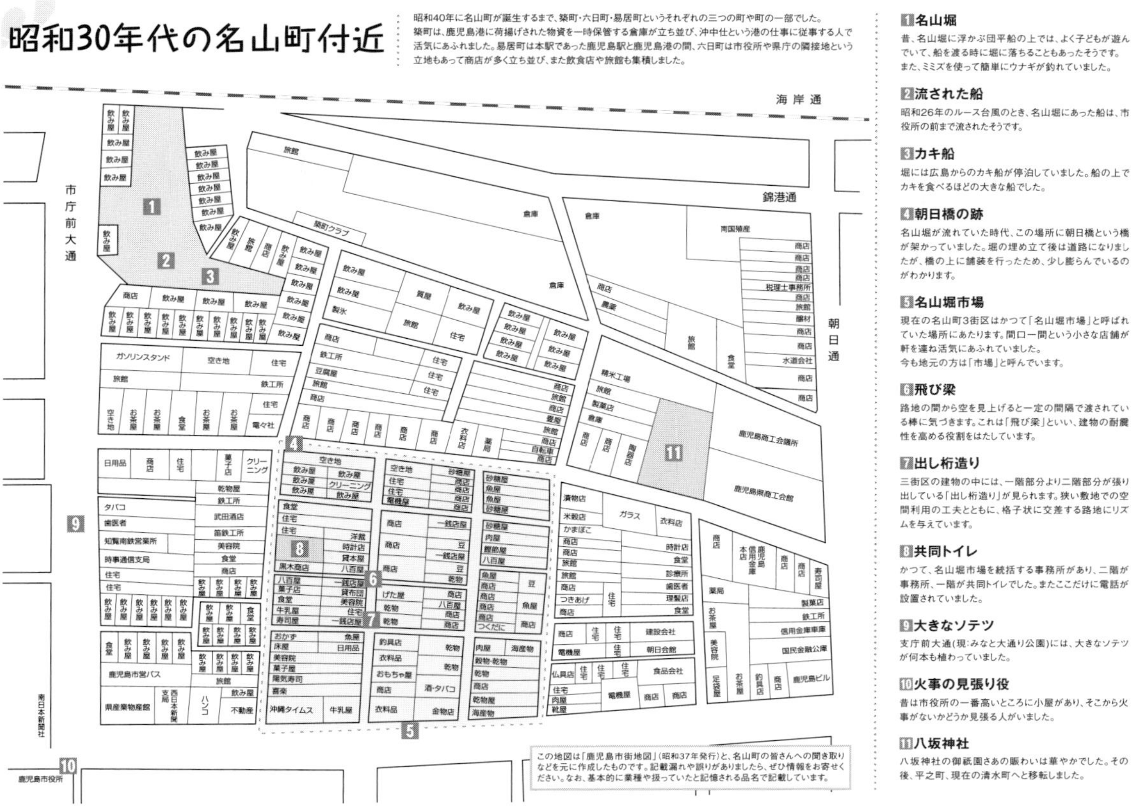
昭和30年代の名山町付近
昭和40年に名山町が誕生するまで、築町・六日町・易居町というそれぞれの三つの町や町の一部でした。
築町は、鹿児島港に荷揚げされた物資を一時保管する倉庫が立ち並び、沖中仕という港の仕事に従事する人で活気にあふれました。易居町は本駅であった鹿児島駅と鹿児島港の間、六日町は市役所や県庁の隣接地という立地もあって商店が多く立ち並び、また飲食店や旅館も集積しました。
海岸通
錦港通
朝日通
市庁前大通
築町クラブ
鹿児島商工会議所
鹿児島県商工会館
鹿児島市営バス
鹿児島ビル
南日本新聞社
鹿児島市役所
この地図は「鹿児島市街地図」(昭和37年発行)と、名山町の皆さんへの聞き取りなどを元に作成したものです。記載漏れや誤りがありましたら、ぜひ情報をお寄せください。なお、基本的に業種や扱っていたと記憶される品名で記載しています。
1 名山堀
昔、名山堀に浮かぶ団平船の上では、よく子どもが遊んでいて、船を渡る時に堀に落ちることもあったそうです。また、ミミズを使って簡単にウナギが釣れていました。
2 流された船
昭和26年のルース台風のとき、名山堀にあった船は、市役所の前まで流されたそうです。
3 カキ船
堀には広島からのカキ船が停泊していました。船の上でカキを食べるほどの大きな船でした。
4 朝日橋の跡
名山堀が流れていた時代、この場所に朝日橋という橋が架かっていました。堀の埋め立て後は道路になりましたが、橋の上に舗装を行ったため、少し膨らんでいるのがわかります。
5 名山堀市場
現在の名山町3街区はかつて「名山堀市場」と呼ばれていた場所にあたります。間口一間という小さな店舗が軒を連ね活気にあふれていました。
今も地元の方は「市場」と呼んでいます。
6 飛び梁
路地の間から空を見上げると一定の間隔で渡されている棒に気づきます。これは「飛び梁」といい、建物の耐震性を高める役割をはたしています。
7 出し桁造り
三街区の建物の中には、一階部分より二階部分が張り出している「出し桁造り」が見られます。狭い敷地での空間利用の工夫とともに、格子状に交差する路地にリズムを与えています。
8 共同トイレ
かつて、名山堀市場を統括する事務所があり、二階が事務所、一階が共同トイレでした。またここだけに電話が設置されていました。
9 大きなソテツ
支庁前大通(現:みなと大通り公園)には、大きなソテツが何本も植わっていました。
10 火事の見張り役
昔は市役所の一番高いところに小屋があり、そこから火事がないかどうか見張る人がいました。
11 八坂神社
八坂神社の御祇園さあの賑わいは華やかでした。その後、平之町、現在の清水町へと移転しました。

■図28.6　昭和30年代の名山町付近(特定非営利活動法人まちづくり地域フォーラム・かごしま探検の会，2012)

いが，明治・大正・昭和と鹿児島のまちは確実に歴史を積み重ねてきた．中心市街地は武家地と町人地の境界をまたいで発展してきたが，西南戦争後の復興も戦災復興においても，両者の境界をうまく調整しながら，次の時代の要請にこたえてきた．市街地の拡大に応じて，城山や武山から桜島に変化したが，同じ「山あて」の発想で街路が計画されている点も興味深い．

それぞれの時代のひとびとのまちへの想いを理解すれば，歴史を重ねた街の一つひとつが大切な資産であり，次の計画を考えるうえで何を尊重して，どこを変えるべきかみえてくる．これまで都市デザインの分野において，さまざまな時代の計画が混在することの評価が難しい側面もあった．ときには重層的な歴史を一時代に「統一」することも求められた．しかし，実際のまちの魅力は，積み重ねと混在にこそある．新たな開発も過去の保全も，まちの歴史の重なりに価値を加えることができるか否か，じっくりとみきわめなければならない．

［黒瀬武史］

［文献］

揚村固・土田充義(1991)：「島津藩における麓集落に関する研究―街路設計手法について」，『鹿児島大学工学部研究報告』，鹿児島大学．

鹿児島市役所(1982)：『鹿児島市戦災復興誌』，鹿児島市．

岸本友恵・木方十根(2009)：「鹿児島市戦災復興土地利用計画における戦災復興院嘱託制度の影響：鹿児島市戦災復興都市計画研究その2」，『日本建築学会研究報告．九州支部．3，計画系』48，321．

黒瀬武史・西村幸夫(2011)：「街の積み重ねを地域資源として捉える―鹿児島の潜在力―」，『都市の魅力と交流戦略 第73回全国都市問題会議資料集』，全国市長会．

戦災復興院編(1946)：『復興情報八月號』，10-11，戦災復興院．

豊増哲雄(1996)：『古地図に見る　かごしまの町』，春苑堂出版．

第29章 沖縄北中城村

沖縄北中城村大城地区のまちづくり

29.1 重要文化財中村家住宅を中心とする大城地区の空間構造を知る

沖縄では，どのような場所に集落をつくるか，その地形，風土を見定めながら，土地を選ぶ都市計画を「むらだて」とよぶ．首里城も，大城集落付近の世界遺産である中城城址も，標高が高いにもかかわらず，城内に井戸がある．大城集落内にも，カーと呼ばれる泉が数多くある（図29.1）．南に向かってうねるような地形の一定の標高の土地にカーは集中し，聖地である御嶽や文化財が点在する．その地形に沿って，道路は丁字路が多く，有機的に集落を構造づけている．丁字路のアイストップには石敢當が置かれる．

沖縄本島の中央東海岸側に位置する北中城村大城地区の中心には，沖縄最古の国指定重要文化財である中村家住宅が，保存・公開されている．

中村家住宅は，台風が頻繁にくる蒸暑地域という風土において，素材と空間構成，敷地が三位一体となり，赤瓦の建築だけではなく，琉球石灰岩の石垣と防風林であるフクギによって構成される敷地囲いが美しい景観を生み出している（図29.2）．

29.2 大城地区の景観変遷を調べる

戦後，朝鮮戦争・ベトナム戦争によって沖縄米軍は増強され，沖縄の建設業は基地の仕事に参画したさい，コンクリートの扱いを覚えたといわれる．元来，沖縄は木材が少なく，RC造の方が木造より坪単価で10万程度安い．チャーギーとよばれるイヌマキに代表されるように，シロアリや湿度に強い木材はたいへん高価であり，沖縄の湿

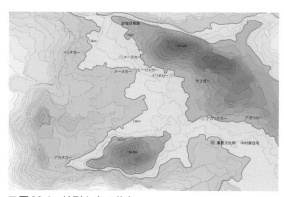

■図29.1　地形と泉の分布

■図29.2　中村家住宅の赤瓦と琉球石灰岩の石垣とフクギ

29.3 地域の活動を分類する—緑化・清掃活動と手づくりの祭り

■図29.3　大城集落の屋根の分類図

■図29.4　大城集落の敷地囲い分類図

■図29.5　大城集落の空間構造

度では合板材を使うことは不可能だからである．本土とは逆である．

　こうして，戦後，沖縄の風景がRC造に取って代わるのはそう時間はかからなかった．2010（平成22）年の屋根悉皆調査（図29.3）からわかるように，赤瓦の屋根は16軒（6%），木造で赤瓦の屋根となると3軒しかない．2011（平成23）年には，敷地囲いに関する悉皆調査をおこなった（図29.4）．住宅が木造のころ，石垣やフクギによる防風対策が必要であったが，RC造になるとその必要性はないため，結果的にフクギの防風林は減少し，敷地境界は，味気ない安価なブロック塀になる傾向にある．さらに，戦後の自動車社会化に伴う道路拡幅によって大城の景観は大きく変化したが，他方，丁字路によって構成される街路骨格や敷地形状はほとんど変化していない（図29.5）．

29.3　地域の活動を分類する—緑化・清掃活動と手づくりの祭り

　1994（平成6）年，古城周辺歴史的景観整備事業において，まちづくり協議会が発足し，大城は隣接する荻道地区とともに，2000（平成12）年に世界遺産に登録された中城城址のバッファゾーンとして位置づけられた．1999（平成11）年には，北中城村は大城・荻道両自治会と古城周辺景観協定を締結する．これらが契機となり，自治会のなかで，55歳以上のリタイアした男性のみを参加資格とする花咲爺会が1999年に結成された[*1]．この会のユニークさは，公共空間だけでなく，個人の庭も清掃し，緑や花を植えるという清掃・緑化活動にある．そして，作業した後，ビールを片手に集落の将来を語り，まちづくりのアイデアを練るのである．こうして，「花と緑に囲まれた芸術の里」というまちづくりのコンセプトができあがった．この指針に沿って実現したプロジェクトや祭りの代表例が三つある．一つは瓦師奥原崇典氏の仲介によって，沖縄県立芸術大学卒業制作であるテラコッタ作品を無償で寄贈してもらい，それをパブリックアートとして集落に設置するカジマヤー計画である．カジマヤーとは97歳のことであり，集落住民の長寿を祈念したプロジェクトであり，2004（平成16）年から始まった．二つめは，7月に行われるムーンライトコンサートである．地元や近くのアマチュアバンドなどが公民館横の広場で夕方から夜にかけて演奏する手づくりのコンサートである．いまでは，400人の集落の人口以上の来場者が集まる名物コン

---

*1　大城花咲爺会は，住宅生産振興財団普及啓発事業第6回（平成22年度）住まいのまちなみコンクールにおいて，住まいのまちなみ賞を受賞している．

●第29章　沖縄北中城村—沖縄北中城村大城地区のまちづくり

■図29.6　大城まちかどギャラリーの光景

■図29.7　空き家を一時活用した『大城「色」の庭』

サートに育っている．三つめは，2003（平成15）年にスタートし，11月中旬の週末に開催されるスージグヮー週末美術館である．集落にはもちろん，博物館も美術館もない．ないのであれば，集落それ自体をミュージアムにすればよいではないかという逆転の発想から始まっている．景観は変わったが，唯一残ったスージグヮー（路地）や住民の制作したさまざまなものが公民館を中心に展示されるだけでなく，個人の庭々がオープンガーデンとして解放される．花咲爺会を中心とする地道な清掃・緑化活動の成果を披露する2日間でもある．このように，地域との交流を重ねながら，聞き取りや地区の広報資料を用いて，地域活動を分類した（表29.1）．

29.4　地域と協働する—スージグヮー週末美術館への参加

　関西大学都市設計研究室は，自治会および実行委員会にお願いし，スージグヮー週末美術館への参加を了承された．研究調査だけでなく，直接，まちづくりにかかわる機会は貴重である．2012（平成24）年，自治会長を中心に自治会の協力を得て，各家々に眠る古い写真を集め，集落のブロック塀をギャラリーに見立てる「大城まちかどギャラリー」をおこなった（図29.6）．子どもたちが祖父母の若かりしころに驚いたり，興奮したりする一方，年配者がかつての風景を懐かしんだ

りするなど，写真を通した世代間交流がブロック塀の前で自然におきたことは喜ばしい光景であった．

　2013（平成25）年は空き家を活用したオープンガーデンを青年会と協働しておこなった．花咲爺会が始めた個人の庭を解放するオープンガーデンを増やし，それを若い世代と協働したいと考えたからである．青年会との交流のなかで，子どものころ，花の色素を抽出して色水をつくる遊びをしていたことを知り，私たちのオープンガーデン『大城「色」の庭』（図29.7）のアイデアが生まれた．住宅の軒先にプラスティック瓶をグリッド状につり下げ，青年会や子供会と一緒に瓶一つひとつにつくった色水を入れた．2日目は，企画を知った地区の住民が思い思いに持参した花を生けたので，より集落固有の色が住宅のファサードに映し出された．

29.5　交流人口としての大城応援団

　大城の地域活動を支えているのは，自治会を中心とする区民であるが，まちづくりに参加しているのはそれだけではない．区民ではないが，大城に魅力を感じ，外部から大城のまちづくりに参加する個人や団体に対して，大城地区は敷居を高くすることなく，積極的に大城応援団とよんで受け入れる姿勢を示してきた．スージグヮー週末美術

表29.1　自治会を中心とする大城の地域活動の5つの類型

		番号	活動名称	活動主催	活動内容	活動場所	開催(実行)時期
A 神事		1	ハウビー(初御水)	自治会	水の恵みに感謝する神事	集落内の拝所とカー(泉)9箇所を巡る	1月3日
		2	綱引き	自治会	子ども達による綱引き	兄弟廣前県道	旧暦6月14日(7月下旬)
		3	カウチーウンサク	自治会(荻道地区と合同)	新米収穫後に行われる感謝祭、豊年祈願	ノロ殿内火の神・喜友名根所火の神・久知屋根所:煎喜友名を巡る	旧暦6月25日(8月上旬)
		4	旗スガシー	自治会・青年会(荻道地区と合同)	五穀豊穣、集落の繁栄と無病息災を祈願。兄弟棒と呼ばれる棒術は、両地区の自治会と青年会で披露する。	ノロ殿内火の神・喜友名根所火の神・久知屋根所を巡る	旧暦7月17日(8月下旬)
B 清掃緑化		5 6	地区清掃活動 植樹・植栽活動	自治会	花咲爺会が主導する清掃及び植樹・植栽活動。沿道、広場といった公共空間だけでなく、個人所有の庭までを対象とし、地区を「花と緑に囲まれた芸術の里」へと育むまちづくりコンセプトの根幹を支える。花咲爺会が嚆矢。	集落全域	5月と12月の役員会後
				花咲爺会		沿道、空き地を中心に集落全域	毎月第2・4日曜日
				老人会		兄弟廣	毎月第2土曜日
				婦人会		公民館前花壇	毎月1回
C 芸能文化教育	舞踊	7	盆踊り	自治会	櫓を組んで行われる盆踊り。開催前には踊りの教習と練習。婦人会による着付け教室もある。盆踊り後は公民館で区民交流会も行われる。	公民館中庭	8月中頃
		8	青年エイサー	青年	エイサーは青年によって受け継がれる沖縄伝統芸能、北中城エイサー祭り。定例行事の他、結婚式やスージグゥー週末美術館の日にも不定期で行われる。	地区内外	北中城エイサー祭りは、8月中頃から9月上旬
		9	道ズネー	青年	盆の時期に集落内を練り歩く青年エイサーのことを道ズネーという。	集落内	8月中頃
	彫刻・陶芸	10	彫刻カジマヤー計画	自治会・沖縄県立芸術大学	花咲爺会によって主導された大城地区のまちづくりの取り組みに賛同した沖縄県立芸術大学や教官や学生の彫刻作品(テラコッタ)を無償で寄付し、地区内や村内に設置する「花と緑に囲まれた芸術の里」の重要なプロジェクトの一つ。カジマヤーは97歳のお祝いを意味し、10年間で97体を設置することが目標とされた。	集落全域及び村内	2004年から
		11	シーサーワークショップ	自治会	瓦師による漆喰シーサーのワークショップ。区民に人気のイベントで高齢者から子どもまで50人ほどが集い、2日間で制作する。区民がつくったシーサーは集落の至る所に設置。瓦師による漆喰シーサーの展示、即売会も行われる。	公民館	ゴールデンウィーク2日間
	美術	12	スージグゥー週末美術館	スージグゥー週末美術実行委員会	集落全体を美術館に見立てた村ごと美術館の活動。区民による展示、自宅庭を開放するオープンガーデン、やちむん市など多様な催し物が行われる。花咲爺会の提案が始まり。	公民館を中心に集落全域	11月第2週末2日間(2003年から)
		13	集団制作		スージグゥー週末美術館の区民展示に向けて、区民による書道・絵画・面シーサー等の作品制作が行われる。地区外から講師を呼んでワークショップを行う場合もある。	公民館	11月第2週末に開催されるスージグゥー週末美術館前
	方言	14	うちなーぐち講座	サークル活動	沖縄方言が達者な地域住民が中心となり、琉歌や昔話を交えてうちなーぐち(方言)でゆんたく(おしゃべり)をする。地区内の高齢者を対象として始めたが、方言を学びたいという大学生や地区外に住む孫と参加。テキスト有り。	公民館	隔週土曜日1時間(2010年から)
	音楽	15	ムーンライトコンサート	ムーンライトコンサート実行委員会	第一回はアガリヌカー庭園池のほとりで開催されたが、2004年からは現在の場所で行われる夏の夜の野外コンサート。花咲爺会の提案によって始まり、観客は毎年500〜700人に及ぶ。	コミュニティ広場	7月上旬(2002年から)
		16	大城古典音楽同好会(三線クラブ)	サークル活動	三線を習う場所。生年祝い等地域イベントで披露。うちなーぐち講座と同様、三線が得意な地区内住民が講師となる。	公民館	月2回木曜日20時〜(2002年から)
	伝統料理教室	17	てぃんさぐぬ花	婦人会	地域伝統の料理を伝える料理教室。地区内の65歳以上の女性に生活の知恵や大城の慣習などについて若い世代へ伝授する会でもある。	公民館	不定期開催(2010年から)
	学童保育	18	ちむあぐみ塾	自治会	学童保育とともに、勉強をボランティアで教える	公民館	
D 防犯広報	防犯	19	大城夜警団	駐在所及び父親達を中心とする住民有志	集落をパトロールする夜間の防犯活動(2011年、地域の安全に貢献する活動として評価され、宜野湾署から感謝状を授与)	集落全域	毎週火曜日21時〜23時30分(2004年から)
	広報	20	広報誌「わしら島大城」	公民館企画運営委員会	自治会活動を中心に大城での地域活動の告知と報告を行う。毎月、地区内でのニュース、イベント、自治会会合の報告が掲載。村の広報誌と共に各班班長によって各世帯に配布。	各世帯	毎月1回(2010年から)
E 親睦	居場所づくり	21	いきいきふれあい会	老人会	体操やゲームを行い、高齢者の居場所づくりが目的。	公民館	毎月第2水曜日
	お祝い	22	合同生年会	自治会	新生児、73歳、85歳になる区民が対象。公民が行われる。会費制で1000円	公民館	1月第3日曜日
	スポーツ	23	体協スポーツ事業	北中城村体育協会	地区対抗のスポーツ大会(テニス、サッカー、バレーボール等10種の競技)	中学校	毎月1回
		24	区民ふれあいグランドゴル	自治会	高齢者と子どもを対象としたグランドゴルフ	公民館	年1回(2月中旬)
	地域間交流	25	松山市交流事業	大城自治会と愛媛県松山市久米地区自治会	公民館が主体となる地域まちづくりを双方の子どもたちが学ぶ体験学習プログラム	公民館中心(開催地は1年毎交互)	年1回(2009年から)

まな活動がおこなわれている。清掃・緑化活動、ムーンライトコンサートやスージグゥー週末美術館という祭り、カジマヤー計画という屋外アートを軸として、表29.1に示したように、神事から文化教育、防犯広報活動、さらには区民の親睦と、その内容も有形から無形まで多岐にわたっているのが特徴である。このような居住者による内発的まちづくりと、大城応援団による外発的な動機づけの組み合わせが、活動の多様性を生み出し、約150世帯、400人弱の小さなコミュニティの可能性を高めている。このことは、小規模自治体のまちづくりは人口規模ではなく、交流人口としての他者をどれだけ巻き込めるかが重要であることを示唆している。　　　　　　　[木下 光]

館やムーンライトコンサートのコンテンツの一部は、大城応援団によるものであり、カジマヤー計画はその典型といえる。スージグゥー週末美術館やムーンライトコンサートでは必ず、公民館前の庭で区民と大城応援団の交流会が催される。

　大城のまちづくりは、花咲爺会の先導により自治会主導へと展開し、公民館を中心としてさまざ

[文献]

木下光・宮崎ひろ志・青野謙哉・東坂憲一(2013.3):「中村家住宅のひみつ〜琉球赤瓦の屋根に学ぶ〜」、遊文舎.

寺田千尋・木下光(2015.2):「敷地囲いの変遷を通してみる沖縄県北中城村大城地区の住民主体の景観形成評価に関する研究」、日本建築学会計画系論文集第708号. 寺田千尋・木下光(2016.4):「小規模自治体における自治会を中心に展開される住民主体のまちづくり−沖縄県北中城村大城地区を事例として−」、日本都市計画学会Vol.51, No.1.

おわりに

　ここまでお読みいただいたことに，執筆者を代表して感謝申し上げる．

　冒頭でも説明されているが，本書は『まちの見方・調べ方—地域づくりのための調査法入門』（朝倉書店，2010年）と対をなす，いわば続編にあたるものである．前書では主に方法論を整理・展開してきたが，本書ではそうした方法をもちいた具体的な地域での実践事例を集めている．

本書の使用方法

　本書は専門書である．初学者から熟練の専門家まで，あるいは「わが街」で実際に地域づくりに携わっている地域の方々に大いに活用してもらいたい．そうした方々の使い方でも，大きく二つに分かれるのではないかと思う．

　一つには，「全体を通読する」使い方である．

　本書全体を通読すれば，さまざまな歴史や文脈をもつ全国各地の29の地域で，どのような地域づくりをめざして，どのような調査を企画・実施したのか，そしてどのようにその成果を実践に結びつけたのかを知ることができる．さらに，それらを横断的に眺めることによって，読者自らが取り組む地域において，どのような調査内容を，どのような方法で実施していくかの手がかりを得ることができる．

　もう一つは，「いくつかの章だけを読む」という使い方である．

　通読する時間はないが，自分が取り組む地域での調査に何かヒントを得たいといったときには，こちらがお勧めである．歴史や文脈など何らかの類似性のある地域を取り上げた章をいくつか集中的に読み，自らが取り組む地域での調査企画に役立つ知見を手に入れることができる．

　本書の各章で紹介している29の地域は，単純に北から並べているだけである．通読するにしても，部分的に選択して読むにしても，いずれの場合であっても，どの章から読み始めても構わない．目次をみて気になる地域，気になるタイトルの章から始めてもよいし，パラパラとめくってみて，図表が目に飛び込んできた章からスタートしてもよい．

　通読にせよ，部分読にせよ，読んだ事例については，読むだけで終わらせずに次のステップに進んでほしい．

　紙幅の関係で，各章の著者にはかなり内容を絞ってもらっている．読んでみて情報が足りないと感じれば，各章末に紹介してある参考文献にあたってみたり，その地域あるいは自治体のホームページなどで最新情報を収集したり，機会があれば現地に行ってみたりすることで，より理解が深まることであろう．

おわりに●

　また，紹介されている事例は，歴史的な資源に恵まれている地域が多いように
みえるかもしれない．そうした資源のない地域では，地域づくりは進められない
と考えるかもしれない．しかし，歴史のない地域はどこにもない．いかに地域の
ひとびとがそれを発見し，掘り起こすかが重要である．歴史だけではなく，これ
まで気づかなかったさまざまな地域の資源を発掘していくことが，これからの地
域づくりにつながっていくのである．

　さらに，本書を使用するにあたって忘れてはならないのは，企画・実施する調
査を活用してどのような地域づくりに展開していくのか，展開していきたいのか
をしっかりと想定しておくことである．それが，読者が取り組む地域づくりを実
践段階へと進める近道になるはずである．

編者の妄想的「本書の使用方法」

　当世は「観光の時代」ともいえるくらい，観光は国内・国外問わず注目されて
いる．いわゆる単なる物見遊山の観光ではなく，より付加価値をもった観光が求
められている．「大人の社会科見学」といわれるツアー商品も多く出回っている．
多くは，工場見学とか「○○の裏側」といった，普段個人ではなかなかお目にか
かれない場所に入り込んで，体験するものである．NHKの「ブラタモリ」が，
テレビ番組に加えて書籍化もされ始めて，特に中高年層にウケているのも同様の
現象であると考えられる．そこに「地域づくりの現場」が入り込む余地はないだ
ろうかと，ときどき妄想する．もちろん，大勢が観光バスを仕立てて乗り込んで
来られては地域の側も迷惑なので，あくまでも個人観光のレベルだろうと思うの
だが．

　そのときに，本書は新しい観光ガイドブックとしての役割をもてるのではない
だろうか．本書のどこかの章を読んで，紹介されている地域を訪れて，新しい地
域の見方をしてみる．その地域から何かを発見してみる．SNSへの投稿などと
いう形で，地域の情報を発信し，地域にフィードバックしてくれる訪問客もいれ
ば，その地域で見聞したことを自分が住む地域の地域づくり活動に活かす訪問客
も出てくるであろう．地域づくりの活動が注目されて，訪れる人が増えること
で，次へ進めようというモチベーションの向上につながるし，地域への経済効果
も若干はあるだろう．このような地域づくりの輪の拡がり方もありえるのではな
いかと妄想している．

　やや話が脱線してしまったが，本書をさまざまな形で，ときには編著者が考え
つきもしなかった形で，大いに使いこなしていただきたい．使いこなして，実際
に地域の調査を実施していただくのはもちろんのこと，さらにその先には，必ず
や地域づくりの具体的なアクションがあってほしいと強く望んでいる．

●おわりに

　最後に，本書の出版にあたっては，遅々として執筆作業が進まない編者・著者に愛想を尽かすことなく，企画段階から長期にわたり根気強くお付き合いいただいた朝倉書店編集部に，ここに敬意を表するとともに心より感謝申し上げる．

　そして，ここまで読んでいただいた殊勝な読者の皆さまにも深く御礼申し上げる次第である．

　2017年9月

野澤　康

索　　引

ア行

浅草　38
浅草観音うら活性化デザイン化委
　　員会　39, 40
足助　92
あすけうちめぐり　97
足助中馬館　93
足助村　95
足助まちづくり推進協議会　96
熱田神宮外苑開発計画　100
熱田地区　98, 100
淡路島津井　102
アーバンデザイナー　37
アーバンデザイン　34
アーバンデザイン指針　81
勢溜　112
生きた観光　30
石垣　130
石垣風景規範　77
出雲大社　112, 114, 116, 117
板倉町　20, 22
インダストリアルパーク　60
うちあかりプロジェクト　87
埋立て　56
江尻　88
越中街道町並み保存会　82, 83
越中八尾　72
エリアマネジメント　78
沿道囲み型住宅　34
扇型街路骨格　134
大城「色」の庭　140
大城まちかどギャラリー　140
おおのキャンパスビレッジ構想
　　4
おおのマーケット　7
大野村　4
大野夢市　6
オープンガーデン　140
大宮氷川参道　25
大宮氷川神社　24
奥浅草　38
御菜八ケ浦　56
帯状空地　35
おわら風の盆　72, 74, 76

カ行

ガイドライン　78
花街　38, 41〜47, 66〜68
神楽坂　42, 47
神楽坂通り　44, 46
神楽坂花街　42
鹿児島市　134
火災保険特殊地図　45
鹿島市　126
カジマヤー　139
合掌造り　84
神奈川宿　56
兜屋根　15
ガボイ　128
釜石市　10
上宝町　86
茅葺町家　126
川湊　89
瓦産業　102, 103, 105
関東大震災　42, 43
神門通り　112, 114, 116
観音うら一葉桜振興会　38
観音裏　38
看板建築　5, 52
記憶調査　29
聞書き地図　31
聞き取り調査　136
聞名寺　73
象潟　38
喜多方市　14
北中城村　138
キャンパスビレッジ構想　4
旧軍用地　98
近代化産業遺産　16
空間軸　92
空間特性　78
国指定文化財等データベース　53
蔵ずまいのまち　14
蔵造り　14
蔵庭　18
蔵の中ギャラリー　95
蔵みっせ　15
グランドデザイン　13
計画設計調整者　37
景観資源　132
京浜工業地帯　57

サ行

京浜臨海部　56
京浜臨海部再生研究会　61
限界集落　86
研究開発機能化　57
現場談義　77
検番　43
工業地帯　56
航空写真　22
格子状道路　34
香嵐渓　92
交流型観光　96
五街道　84
古地図　44
古町　66, 68
こまちなみ　5
コミセ　5
小径づくり　5
コミュニティベルト　35

サ行

在郷町　14, 92
西条市　120
西条祭り　118, 121
さいたま市大宮区　24
酒蔵通り　126
佐賀市　122
桜島　134
サテライトキャンパス構想　4
「郷山」都市　84
佐原市　28
佐原市歴史的景観条例　28
参詣空間　114
三十八間蔵　14
三層構成　36
三町　82
シェアオフィス　63
静岡市清水区　88
七間町映画館跡地周辺地区まちづ
　　くりガイドライン　78
七間町の明日を考える会　78
島原市　130
清水湊　89
社会実験　6
十字型まち並み　35
重要伝統的建造物群保存地区
　　28, 92, 102, 126
重要文化的景観　20

●索引

シュガーロード　122
宿場町　56
樹木調査　25
荘川町　86
神苑　113, 116
神苑整備計画　116
新大鳥居　116
垂直方向のリズム　80
水平方向のリズム　80
スージグヮー週末美術館　140
杉並　52
杉並たてもの応援団　52
スクラムかまいし復興プラン　10
製菓業　122
戦災復興計画　98
創造界隈　63
創造都市　62
袖ヶ浦　56

タ行

高山市　82, 84
建物調査　54
建物調査リスト　53
棚田　86
谷　104
たまり場　109
だるま窯　102, 105
だんじり　119
地域産業資産　60
地域資源　5, 9
地域性　12
千種地区　98, 99
治水　20
中間領域　79
中馬街道　92
直線道　115
鎮台　98
通年型観光　95
丁字型　67
出桁建築　52
デザイン　48
デザインガイドライン　35, 51
デザイン協議　78
デザインマネジメント　36
デスクワーク　20
鉄道敷設　113
鉄砲町　130
展示　51
電車通り　134
伝統的建造物群　132

伝統的建造物群保存地区　28, 82
伝統的建造物群保存地区調査　14
東京スカイツリー　38
棟数密度　49
登録有形文化財　53
通りの名づけ　41
都市型観光　42
土地利用　21
鞆雑誌　107
鞆の浦　106
鞆の浦海の子　106
鞆の浦世界遺産訴訟　106
豊田市　92

ナ行

長崎街道　122
中野区　48
中村家住宅　138
名古屋　98
名古屋市　101
名古屋城址　98
新潟市　66
二方向避難　129
日本近代建築総覧　53
猫ヶ洞地区　98, 101

ハ行

花咲爺会　139
ハレの空間　118
半間ルール　83
東日本大震災　10
東日本復興特別区域法　10
曳山祭り　74
被災建築物応急危険度判定　29
肥前浜宿　126, 129
洋野町　4
フィールドサーベイ　119
フィールドワーク　23
深みのある観光　30
武家住宅　130
復興基本計画　10
復興まちづくり　10
不燃化率　49
ふれあい通り　14
文化遺産オンライン　53
文化芸術創造都市　62
文化的景観　20
歩行者行動特性　78

マ行

幕張ベイタウン　34, 35
柾谷小路　68
まちかど　82
まちづくりアイデアカード　40
まちづくり支援活動　72
まちなかMAP　15
まちなかサロン実験　9
まちなかスクール実験　8
町割　75, 134
松の馬場　112
万雑　87
水塚　20
水場　20
店蔵　14
「道の駅」事業　29
密集市街地　48, 51
みなとみらい21　62
名山堀　135
名城公園　98, 99
モザイク構造　75

ヤ行

八尾　72, 74
八尾地区まち並み修景等整備事業
　　77
屋敷地　130
屋敷林　21
野帳　53
やつづき　83
洋館付き和風住宅　52
洋風建築マップ　70
横浜市　62

ラ行

歴史的地図　21
歴史的まち並み　126
レクリエーション　59
路地網　44

ワ行

ワークショップ　10, 51

欧字

BankART1929　62
BankART Studio NYK　62
DG プロジェクト「脩」　103
T-House　111

編集者略歴

にしむらゆきお
西村幸夫

1952年　福岡県に生まれる
1977年　東京大学都市工学科卒業・
　　　　同大学院修了
1996年　東京大学工学部都市工学科
　　　　教授
現　在　神戸芸術工科大学芸術工学
　　　　研究機構長・教授
　　　　工学博士

のざわやすし
野澤　康

1964年　北海道に生まれる
1993年　東京大学大学院工学系研究科
　　　　博士課程修了
現　在　工学院大学建築学部まちづく
　　　　り学科・教授
　　　　博士（工学）

まちを読み解く
　―景観・歴史・地域づくり―　　　　　　　定価はカバーに表示

2017年 10 月 5 日　　初版第 1 刷
2018年 7 月 20 日　　　第 2 刷

　　　　　　　　　編集者　西　村　幸　夫
　　　　　　　　　　　　　野　澤　　　康
　　　　　　　　　発行者　朝　倉　誠　造
　　　　　　　　　発行所　株式
　　　　　　　　　　　　　会社 朝　倉　書　店

　　　　　　　　　　　　　東京都新宿区新小川町 6-29
　　　　　　　　　　　　　郵便番号　162-8707
　　　　　　　　　　　　　電　話　03（3260）0141
　　　　　　　　　　　　　Ｆ Ａ Ｘ　03（3260）0180
〈検印省略〉　　　　　　　http://www.asakura.co.jp

©2017 〈無断複写・転載を禁ず〉　　　　　　新日本印刷・渡辺製本

ISBN 978-4-254-26646-7　C 3052　　　　　Printed in Japan

JCOPY ＜(社)出版者著作権管理機構 委託出版物＞
本書の無断複写は著作権法上での例外を除き禁じられています．複写される場合は，
そのつど事前に，(社) 出版者著作権管理機構（電話 03-3513-6969，FAX 03-3513-
6979，e-mail: info@jcopy.or.jp）の許諾を得てください．

東大 西村幸夫編著

まちづくり学
―アイディアから実現までのプロセス―

26632-0　C3052　　　　B 5 判 128頁 本体2900円

単なる概念・事例の紹介ではなく，住民の視点に立ったモデルやプロセスを提示。〔内容〕まちづくりとは何か／枠組みと技法／まちづくり諸活動／まちづくり支援／公平性と透明性／行政・住民・専門家／マネジメント技法／サポートシステム

東大 西村幸夫・工学院大 大野澤　康編

まちの見方・調べ方
―地域づくりのための調査法入門―

26637-5　C3052　　　　B 5 判 164頁 本体3200円

地域づくりに向けた「現場主義」の調査方法を解説。〔内容〕1.事実を知る（歴史，地形，生活，計画など），2.現場で考える（ワークショップ，聞き取り，地域資源，課題の抽出など），3.現象を解釈する（各種統計手法，住環境・景観分析，GISなど）

柏原士郎・田中直人・吉村英祐・横田隆司・阪田弘一・木多彩子・飯田　匡・増田敬彦他著

建築デザインと環境計画

26629-0　C3052　　　　B 5 判 208頁 本体4800円

建築物をデザインするには安全・福祉・機能性・文化など環境との接点が課題となる。本書は大量の図・写真を示して読者に役立つ体系を提示。〔内容〕環境要素と建築のデザイン／省エネルギー／環境の管理／高齢者対策／環境工学の基礎

立正大 伊藤徹哉・立正大 鈴木重雄・立正大学地理学教室編

地理を学ぼう 地理エクスカーション

16354-4　C3025　　　　B 5 判 120頁 本体2200円

地理学の実地調査「地理エクスカーション」を具体例とともに学ぶ入門書。フィールドワークの面白さを伝える。〔内容〕地理エクスカーションの意義・すすめ方／都市の地形と自然環境／火山／観光地での防災／地域の活性化／他

日本建築学会編

都市・建築の 感性デザイン工学

26635-1　C3052　　　　B 5 判 208頁 本体4200円

よりよい都市・建築を設計するには人間の感性を取り込むことが必要である。哲学者・脳科学者・作曲家の参加も得て，感性の概念と都市・建築・社会・環境の各分野を横断的にとらえることで多くの有益な設計上のヒントを得ることができる。

職能開発大 和田浩一・早大 佐藤将之編著

フィールドワークの実践
―建築デザインの変革をめざして―

26160-8　C3051　　　　A 5 判 240頁 本体3400円

設計課題や卒業設計に取り組む学生，および若手設計者のために，建築設計において大変重要であるフィールドワークのノウハウをわかりやすく解説する。〔内容〕フィールドワークとは／準備と実行／読み解く／設計実務事例／文献紹介。

日本都市計画学会編

60プロジェクトによむ 日本の都市づくり

26638-2　C3052　　　　B 5 判 240頁 本体4300円

日本の都市づくり60年の歴史を戦後60年の歴史と重ねながら，その時々にどのような都市を構想し何を実現してきたかについて，60の主要プロジェクトを通して骨太に確認・評価しつつ，新たな時代に入ったこれからの都市づくりを展望する。

名大 宮脇　勝著

ランドスケープと都市デザイン
―風景計画のこれから―

26641-2　C3052　　　　B 5 判 152頁 本体3200円

ランドスケープは人々が感じる場所のイメージであり，住み，訪れる場所すべてを対象とする。考え方，景観法などの制度，問題を国内外の事例を通して解説〔内容〕ランドスケープとは何か／特性と知覚／風景計画／都市デザイン／制度と課題

萩島　哲編著 太記祐一・黒瀬重幸・大貝　彰・日髙圭一郎・鵤　心治・三島伸雄・佐藤誠治他著
シリーズ〈建築工学〉7

都　市　計　画

26877-5　C3352　　　　B 5 判 152頁 本体3200円

わかりやすく解説した教科書。〔内容〕近代・現代の都市計画・都市デザイン／都市のフィジカルプラン・都市計画マスタープラン／まちづくり／都市の交通と環境／文化と景観／都市の環境計画と緑地・オープンスペース計画／歩行者空間／他

前神戸大 長谷川孝治編著

地　図　の　思　想

16343-8　C3025　　　　B 5 判 116頁 本体2900円

さまざまな時代と地域の地図を題材に，簡明にかつ視覚的に地図的表現の意味と役割をさぐる，地図史研究の入門書。〔内容〕近世以前の日本図／参詣曼荼羅／中世イスラームの世界図／古代荘園図にみる景観と開発／ポルトラーノ型海図／他

前千葉大 丸田頼一編

環　境　都　市　計　画　事　典

18018-3　C3540　　　　A 5 判 536頁 本体18000円

様々な都市環境問題が存在する現在においては，都市活動を支える水や物質を循環的に利用し，エネルギーを効率的に利用するためのシステムを導入するとともに，都市の中に自然を保全・創出し生態系に準じたシステムを構築することにより，自立的・安定的な生態系循環を取り戻した都市，すなわち「環境都市」の構築が模索されている。本書は環境都市計画に関連する約250の重要事項について解説。〔内容〕環境都市構築の意義／市街地整備／道路緑化／老人福祉／環境税／他

上記価格（税別）は 2018 年 6 月現在